阵列式位移计原理及应用

李亚辉　杨云洋　康占龙　刘弟林　薛　骐　著

中国铁道出版社有限公司

2020年·北　京

图书在版编目(CIP)数据

阵列式位移计原理及应用/李亚辉等著. —北京:中国铁道出版社有限公司,2020.9
 ISBN 978-7-113-27116-9

Ⅰ.①阵… Ⅱ.①李… Ⅲ.①位移计－研究 Ⅳ.①TH822

中国版本图书馆 CIP 数据核字(2020)第 140282 号

书　　名:	阵列式位移计原理及应用
作　　者:	李亚辉　杨云洋　康占龙　刘弟林　薛　骐
策　　划:	陈小刚
责任编辑:	张　瑜　　　编辑部电话：(010)51873017
封面设计:	宿　萌
责任校对:	苗　丹
责任印制:	高春晓

出版发行：中国铁道出版社有限公司(100054,北京市西城区右安门西街 8 号)
网　　址：http://www.tdpress.com
印　　刷：国铁印务有限公司
版　　次：2020 年 9 月第 1 版　2020 年 9 月第 1 次印刷
开　　本：787 mm×1 092 mm　1/16　印张：10.75　字数：257 千
书　　号：ISBN 978-7-113-27116-9
定　　价：56.00 元

版权所有　侵权必究

凡购买铁道版图书,如有印制质量问题,请与本社读者服务部联系调换。电话：(010)51873174
打击盗版举报电话：(010)63549461

前　言

在国内疫情得到有效控制下，我国启动了新型基础设施建设工作，信息、融合和创新基础设施成为新经济重要增长点。作为保障基础设施健康安全的物联网技术，将会随着"新基建"而蓬勃发展。物联网自下而上分为感知层、网络层及应用层，感知层位于最底层，其功能为通过传感网络获取本体及环境的时间、空间及状态等信息，它是物联网的核心，是信息采集的关键。

本书聚焦"新基建"中广泛开展的三维形变监测工作，以感知层中最重要的传感器之一——阵列式位移计为主要研究对象，分10章详细介绍了其原理和应用。编著团队来自中国铁路设计集团有限公司测绘地理信息研究院，第1、5、9章由李亚辉负责，第8、10章由杨云洋负责，第2、4章由康占龙负责，第6、7章由刘弟林负责，第3章由薛骐负责。

中国铁路设计集团有限公司作为中国国家铁路集团有限公司下属唯一的设计单位，始终致力于轨道交通的勘察设计、施工建造及运营维护等全生命周期技术服务，拥有城市轨道交通数字化建造与测评技术国家工程实验室。在全国工程勘察设计大师、国家工程实验室主任王长进的带领下，中国铁设测绘地理信息研究院在航空遥感、移动测量、形变监测和智能检测等领域取得了多项国际领先的技术成果。本书作为其中的一项研究成果，既为现场技术人员提供了一本实用的指导手册，又为研发同类产品的科研人员提供了一套翔实的参考资料。

本书在编写过程中，借鉴和引用了大量相关网站、论文及书籍资料，本书编著团队向原作者致谢。对阵列式位移计大中华区总代理、北京博安达测控科技有限责任公司郭蔚、郭立新及胡东芳同志，Measurand 公司的 Danisch Lee、Murray Lowery-Simpson、Jeffrey Barrett、Shane Spinney、Megan O'Donnell、Chris Gairns 等一直以来给予的支持和帮忙表示感谢。特别对本书出版给予关注、鼓励、帮助及指导的各位前辈、领导、同行及编辑，一并表示衷心的感谢。

由于笔者专业领域及自身水平有限，对设备原理和系统架构等方面的剖析还存在不足，书中也难免存在纰漏，恳请各位读者给予谅解并批评指正。

作者

2020年5月于天津

目　　录

第1章　绪　　论 ………………………………………………………… 1
    1.1　测斜仪概述 …………………………………………………………… 1
    1.2　滑动式测斜仪概述 …………………………………………………… 1
    1.3　固定式测斜仪概述 …………………………………………………… 2
    1.4　阵列式测斜仪概述 …………………………………………………… 3
    1.5　不同类型测斜仪的对比 ……………………………………………… 4

第2章　阵列式位移计的选型及参数 ………………………………… 6
    2.1　阵列式位移计的选型 ………………………………………………… 6
    2.2　不同型号产品参数介绍 ……………………………………………… 8

第3章　阵列式位移计的原理 ………………………………………… 19
    3.1　单个节段的组成 ……………………………………………………… 19
    3.2　加速度计的原理 ……………………………………………………… 19
    3.3　ADXL203加速度计介绍 ……………………………………………… 22
    3.4　工作原理 ……………………………………………………………… 25

第4章　阵列式位移计的安装方法 …………………………………… 38
    4.1　工具准备及注意事项 ………………………………………………… 38
    4.2　竖向工作模式的安装方法 …………………………………………… 41
    4.3　横向工作模式的安装方法 …………………………………………… 53
    4.4　收敛工作模式的安装方法 …………………………………………… 55
    4.5　防雷系统方案 ………………………………………………………… 56
    4.6　安装日志填写 ………………………………………………………… 58

第5章　阵列式位移计的数据采集和解算 …………………………… 59
    5.1　数据人工采集 ………………………………………………………… 59
    5.2　数据人工解算 ………………………………………………………… 65
    5.3　数据自动采集 ………………………………………………………… 70
    5.4　数据自动解算 ………………………………………………………… 83
    5.5　数据人工归档 ………………………………………………………… 86
    5.6　高级功能说明 ………………………………………………………… 86

第 6 章 阵列式位移计的数据可视化 …… 90
6.1 原始数据可视化 …… 90
6.2 成果数据可视化 …… 93

第 7 章 阵列式位移计的数据文件 …… 106
7.1 基础数据文件 …… 106
7.2 原始数据文件 …… 107
7.3 成果数据文件 …… 109

第 8 章 阵列式位移计的检验与标定 …… 110
8.1 设备检验 …… 110
8.2 设备标定 …… 115

第 9 章 阵列式位移计的故障诊断及排查 …… 122
9.1 供电故障 …… 122
9.2 线缆故障 …… 125
9.3 数据异常 …… 125

第 10 章 阵列式位移计的项目案例 …… 131
10.1 横向工作模式项目实例 …… 131
10.2 竖向工作模式项目实例 …… 132
10.3 收敛工作模式项目实例 …… 133

参考文献 …… 137

附录 A 最大线缆长度查询表 …… 139

附录 B 标称参数表 …… 143

附录 C 顶端封口套件清单表 …… 147

附录 D 阵列式位移计安装日志 …… 148

附录 E 文件格式样例 …… 149

第 1 章 绪 论

1.1 测斜仪概述

测斜仪是一种测定倾角和方位角的原位监测仪器,可对大坝、路基、边坡及隧道等岩土工程的深层水平位移、沉降及收敛变形进行原位监测。按照结构不同,测斜仪可分为滑动式测斜仪(Traversing inclinometer)、固定式测斜仪(In-place inclinometer)和阵列式测斜仪(Integrated arrays inclinometer)。

1.2 滑动式测斜仪概述

滑动式测斜仪由测头、线缆及读数仪组成,如图 1-1 所示。测头为核心部件,由加速度计、滑轮组、外壳、电缆连接头等组成。

图 1-1 滑动式测斜仪及其测头的组成

测斜管通常安装在穿过不稳定土层至下部稳定地层的垂直钻孔内,使用滑动式测斜仪来观测测斜管的变形。第一次观测可以建立起测斜管位置的初始断面,其后的观测会显示不同深度地层发生错动时断面位移的变化。观测时,测头从测斜管底部向顶部移动,在半米间距处暂停并进行测量倾斜工作。测头的倾斜度由双轴加速度计测量所得。加速度计的 x 轴测量测斜管凹槽纵向位置,即测头上测轮所在平面的倾斜度;加速度计的 y 轴测量垂直于测轮平面的倾斜度。倾斜度通过式(1-1)换算为水平位置值,如图 1-2 所示。

$$d_i = L\sin\theta_i \tag{1-1}$$

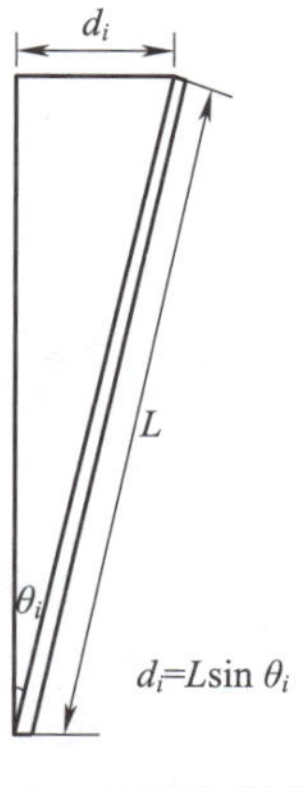

图 1-2 水平位置值计算示意图

式中 d_i——第 i 测量段的水平位置值；

θ_i——第 i 测量段管轴线与铅垂线的夹角；

L——节段长度。

由测斜管底部测点开始逐段累加，可得任一高程处的水平位置值，见式(1-2)。

$$S_j = \sum_{i=1}^{j} d_i \tag{1-2}$$

式中 S_j——测斜管底端固定点($i=0$)以上 $i=j$ 点处的水平位置值；

d_i——第 i 测量段的水平位置值。

对比当前与初始的观测数据，可以确定不同深度测点的水平位置变化量，显示出不同深度地层所发生的运动位移。绘制水平位置变化量可以得到一个高分辨率的深层水平位移断面图。此断面图有助于确定地层运动位移的大小、深度、方向和速率。

世界上第一套滑动式测斜仪安装于 1954 年，我国从 20 世纪 80 年代开始引进美、日、英等国生产的滑动式测斜仪，对一些重大的岩土工程进行原位监测，取得了良好效果。国内一些相关的研究机构随后研制出电阻应变式、加速度计式和电子计式等智能型测斜仪。到目前为止，滑动式测斜仪广泛应用于水利水电、矿产冶金、交通城建及岩土工程等领域。

1.3 固定式测斜仪概述

20 世纪 80 年代，世界上出现了固定式测斜仪。基于滑动式测斜仪的原理，它将多个测头首尾相连，安装在测斜管内，通过采集器的定期采集，形成了一套自动化监测系统。固定式测斜仪节段如图 1-3 所示，连接如图 1-4 所示。

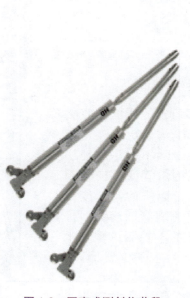

图 1-3 固定式测斜仪节段

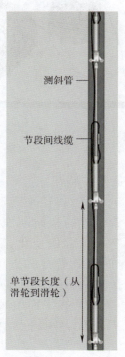

图 1-4 固定式测斜仪连接图

1.4 阵列式测斜仪概述

20世纪90年代初,国外出现了一种具有360°范围的动作捕捉系统,由3D条带组成,可对形状、位置、方向和动作进行静态和动态测量,应用于人体工程学、虚拟现实、机器人控制及动画制作等领域。其中典型代表是加拿大Measurand公司的Shape Tape产品,如图1-5所示。

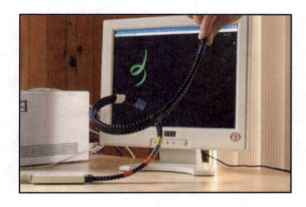
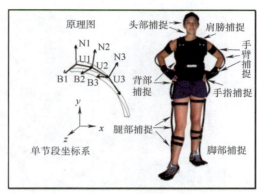

图1-5　动作捕捉系统(Measurand Shape Tape)

Measurand公司随后将产品进行升级迭代,结合岩土工程变形监测需求,推出了Shape Array产品,英文缩写为SAA,国内又称作阵列式位移计或柔性测斜仪。SAA将加速度传感器封装在不锈钢管内,不锈钢管的长度通常为0.3 m、0.5 m和1 m,通过柔性关节将不锈钢管进行串联。柔性关节不能沿钢管轴线扭转,但可以在任何方向弯曲。与固定式测斜仪不同,SAA节段短而轻(图1-6),可以在手持下展现3D形状的精确数据,现场安装不需要大型工程机械配合。

图1-6　加拿大Measurand公司的ShapeArray系列产品

另一种阵列式测斜仪出现在2006年前后,其采用双轴倾斜传感器阵列,采用大型工程机械进行现场安装。其中典型代表是意大利CSG SRL公司的DMS 2D SERIES和DMS 3D SERIES产品,节段长度为1 m。它与SAA一样是由柔性关节连接的管状段组成,可以缠绕在卷筒上运输。DMS 3D SERIES产品可以通过磁力计确定每一个节段的方位角,不仅能测量水平方向变形,还可以测量轴向压伸变形(图 1-7 右图)。DMS 可根据客户需求进行定制,可选项包括双轴倾角计、三轴倾角计、轴向伸缩传感器、温度计、渗压计和磁力计等。DMS 倾角计的最大量程为±60°,同一款设备仅能适用于一种工作模式(垂直、水平或收敛)。通常情况下,DMS 需要使用直升机或特殊履带车辆安装,如图 1-7 所示。

图 1-7　意大利 CSG SRL 公司的 DMS 3D SERIES 系列产品

1.5　不同类型测斜仪的对比

针对三种类型测斜仪,从性能指标、耐久性、功能性、安装方式及采集方式等方面进行对比,详见表 1-1。

表 1-1　三种类型测斜仪对比表

序号	类型	特征	滑动式测斜仪	固定式测斜仪	阵列式测斜仪
1	性能指标	毫米级精度	是	是	是
2		温度与电压补偿	是	是	是
3		提供深度变形信息	是	是	是
4		小于 305 mm 点位间距	否	否	是
5		大于 1 000 mm 点位间距	否	是	否
6		人工录入采集信息	是	否	否
7		长度需要定制	否	是	是
8	耐久性	导向轮需要定期更换	是	否	否
9		监测大变形(>500 mm)	否	否	是
10		导管具备抗弯剪能力	否	否	是
11		承受 5 000g 加速度冲击	否	否	是

续上表

序号	类型	特征	滑动式测斜仪	固定式测斜仪	阵列式测斜仪
12	功能性	大变形后能重复使用	是	否	是
13		适用于已变形测孔	否	否	是
14		直径小于 30 mm 测孔安装	否	否	是
15		数据采集自动化	否	是	是
16		水平及垂直工作模式	是	是	是
17		高频采样率	否	否	是
18		振动数据采集	否	否	是
19	安装方式	设备整体性好	是	否	是
20		设备标定复杂	否	否	是
21		设备安装复杂	是	是	否
22	采集方式	现场人工采集	是	否	否
23		实时远程控制	否	是	是

当测孔已产生了显著的横向位移变形(图 1-8),阵列式测斜仪的点间距小、设备外径小等优势就能得以充分发挥,它能够适应测孔形态,继续对测孔实施连续变形监测。

通过对不同类型测斜仪的介绍和对比分析,阵列式测斜仪较传统设备具有明显的技术优势,但碍于当前设备价格较高,广泛推广应用还需时日。

目前国际上技术最先进、应用最广泛的阵列式测斜仪为加拿大 Measurand Inc. 发明并制造的 Shape Accel Array(以下简称 SAA),国内也称阵列式位移计或柔性测斜仪,在国际上拥有 20 项以上专利授权,国内专利号为 2014800242969,专利名称为"周期性传感器阵列"。本书将以 SAA 作为阵列式测斜仪的代表,详细阐述其结构、原理、特点及应用等方面。

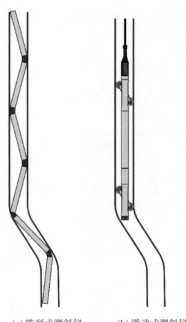

(a) 阵列式测斜仪　　(b) 滑动式测斜仪

图 1-8　已变形测孔的测斜仪对比

第 2 章　阵列式位移计的选型及参数

阵列式位移计(以下简称 SAA)是一套安装方式多样、自动化程度高、即装即用的三维形态测量系统,其拥有多种型号,本章将针对 SAA 的选型、结构及参数进行介绍。

2.1　阵列式位移计的选型

截至 2020 年初,Measurand 公司共推出过 5 种不同型号的 SAA 产品,分别为 SAAR、SAAF、SAAV、SAAScan 及 SAAX,其中 SAAR 和 SAAF 已停产。各型号的单个刚性传感节段长度、封装方式、最大外径、柔性关节材质及工作模式等均不尽相同,详见表 2-1。

表 2-1　不同 SAA 型号参数对比表

型号	单个刚性传感节段长度(mm)	封装方式	最大外径(mm)	柔性关节材质	工作模式
SAAF SAAR	305 500	钢编网	23	普通胶皮	横向、竖向、收敛
SAAV	250 500	钢编网	18	液压胶管	横向、竖向、收敛
SAAX	1 000	钢管	23	液压胶管	横向
SAAScan	500	钢管	23	液压胶管	横向、竖向、收敛

注:单个刚性传感节段长度除了表中所列规格,还可根据客户需求定制。

每一套阵列式位移计监测系统都需要结合项目现场实际情况确定 SAA 的型号、监测点密度、整体长度、线缆类型及长度、采集方式及配件、保护管类型等方面,然后进行量身定做。

1. SAA 型号的确定

SAA 型号的确定一般由工作模式和监测点密度两个因素决定。

(1)当 SAA 整体与铅垂线的夹角小于 60°时,可设定其处于竖向工作模式。此模式下,可以监测深层水平位移,SAAV 和 SAAScan 均可满足,SAAV 适合装入后较长时间固定不动的项目,SAAScan 适合需要频繁装入拔出的项目,两种型号的刚性传感节段长度(即监测点密度)均为 500 mm。由于 SAAV 拥有更好的性能且安装便捷,对于需要较长时间连续自动化监测的项目,推荐选用 SAAV。

(2)当 SAA 整体与水平面的夹角小于 60°时,可设定其处于横向工作模式。此模式下,可以监测线状沉降变形,SAAV 和 SAAX 可以满足。SAAV 可以提供 250 mm 和 500 mm 两种监测点密度,SAAX 仅能提供 1 000 mm。

(3)当 SAA 整体呈现半圆弧以上的形状,通过配置 Site 文件,可设定其处于收敛工作模式。此模式下,可以监测隧道断面收敛变形,仅有 SAAV 可以满足,提供 250 mm 和 500 mm 两种监测点密度。

2. SAA 长度的确定

每一条 SAA 都需要根据客户的项目情况进行定制组装,SAA 整体长度包含传感部分和非传感部分,计算公式见式(2-1)。非传感部分包括固定部分 L_{non-g} 和可调部分 L_{non-t}。当 SAA 型号确定后,传感部分长度等于传感节段数量 N_{sensor} 乘以单个刚性传感节段长度 L_{single}。为了确保 SAA 整体长度能够适应布设位置的长度或深度,需要对 L_{non-t} 和 N_{sensor} 进行灵活调节。每个型号的结构尺寸详见 2.2 节。

$$L_{SAA} = L_{non-g} + L_{non-t} + L_{sensor} - L_{cp} \tag{2-1}$$

$$L_{sensor} = N_{sensor} \times L_{single} \tag{2-2}$$

$$L_{cp} = N_{sensor} \times L_{zj} \tag{2-3}$$

式中 L_{non-g}——非传感部分的固定部分长度,SAAF 为 1.79 m,SAAV 为 0.36 m(有压缩弹簧盒)、1.8 m(无压缩弹簧盒),SAAScan 为 8.2 m,SAAX 为 1.822 m;当需要将出线端的 PEX 进行拆除,拆除后的固定部分长度:SAAF 为 0.4 m,SAAV 为 0.3 m(无压缩弹簧盒),SAAScan 为 8.2 m,SAAX 为 0.292 m;

L_{non-t}——非传感部分的可调部分长度:SAAV 允许在设备两端分别增加静默段和玻璃纤维延长杆,玻璃纤维延长杆出厂标配 2 根 1 m,静默段和玻璃纤维延长杆数量均可定制;

L_{sensor}——传感部分长度;

N_{sensor}——传感节段数量;

L_{single}——单根刚性传感节段长度,根据 SAA 型号和监测点密度确定;

L_{cp}——竖向工作模式时,装入保护管后的折减长度;

L_{zj}——单根传感节段的折减长度:SAAF 竖向装入内径 28 mm 管内,L_{zj} = 1.9 mm;SAAV 竖向装入 70 mm 测斜管内,L_{zj} = 1.9 mm;SAAV 竖向装入 85 mm 测斜管内,L_{zj} = 3.4 mm;其他型号为 0 mm。

3. 线缆型号的确定

SAA 可配置两种型号的四芯屏蔽线缆,分别为 SKUCABU18 和 SKUCABU14,对应美国线标的 18AWG 和 14AWG。出厂标准配置为 SKUCABU18,长度 15 m。线缆型号根据 SAA 型号和长度,结合现场工况进行确定。不同型号的最大线缆长度查询参照附录 A,当 SAA 长度超过表中数值时,需与厂商进行咨询。对于既有设备,如需要进行线缆接长,可参照选取。

4. 采集方式的确定

SAA 官方提供了两种不同的采集方式,分别为人工手动采集和数采自动采集。

人工手动采集可使用 Windows 系统电脑或安卓系统移动终端,配合 Measurand 公司的软件和便携采集箱(SAAFPU),也可以自己组装便携采集箱,详见后续章节。

数采自动采集支持美国 Campbell Scientific 的 CR300、CR800、CR1000、CR3000 和 CR6 等型号数采设备。单台 CR300 最多可接入 5 套 SAA,每套传感节段数量不大于 300 个。单台 CR800 最多可接入 10 套 SAA,单台 CR1000 或 CR3000 最多可接入 20 套 SAA,单台 CR6 最多可接入 40 套 SAA,每套传感节段数据均没有限制。

5. 数传配件的确定

对于数采自动采集方式,除了购置 Campbell Scientific 的 CR 系列数采设备,还需要购置 SAA232、SAA232-5、无线传输模块、防水防潮采集箱、蓄电池、太阳能板等配件。SAA232 为 RS485 转 RS232 模块,提供一进一出接口,如图 2-1(a)所示。SAA232-5 同样为 RS485 转 RS232 模块,提供五进(RS485)—出(RS232)接口,如图 2-1(b)所示,可以实现 5 套 SAA 同时接入数采设备的 1 个 RS232 接口功能。无线传输模块可以根据 RS485 和 RS232 的接口方式灵活选择，推荐采用 RS232 接口的 DTU 模块。蓄电池和太阳能电板为 12 V 直流，单个传感节段的最大工作电流为 1.8 mA（SAAV）、4.2 mA（SAAF、SAAX 和 SAAScan）。

(a) SAA232 模块　　　　　　　　　(b) SAA232-5 模块

图 2-1　RS485 转 RS232 模块

对于人工手动采集方式，除了需要配备 Windows 系统电脑或安卓系统移动终端外，还需要购置 RS485 转 USB 和电源模块。

6. 磁力计的确定

在竖向工作模式下，SAA 以出线端 X-Mark 标志线（图 2-2）为参照系，当需要将 SAA 整体装入监测位置，致使 X-Mark 标志线无法外露或对准，就应增配磁力计。磁力计的数量和位置根据 SAA 长度和地层中铁物质分布等情况确定。

7. 保护管的确定

考虑对 SAA 设备的保护和重复利用，需要将 SAA 先装入保护管后再安装到监测位置。

对于竖向工作模式的 SAA 安装，推荐使用外径 32 mm、壁厚 2 mm 的 UPVC 管。如果现场安装条件特殊，也可以使用特定尺寸的单根 PE 管。当使用 SAAV 型号产品，采用 Zigzag 安装方式装入既有测管内时，既有测管即充当了保护管的作用，无需再额外加设。

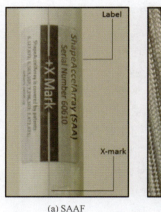

(a) SAAF　　　　　(b) SAAV

图 2-2　X-Mark 标志线图

对于横向工作模式的 SAA 安装，最低配置为内径 49 mm 的 PVC 管。特别需要考虑在上部荷载的作用下，保护管是否可能被压坏，或者保护管被压扁弯曲后致使 SAA 单根传感节段三点受力（图 2-3），进而损坏 SAA 或导致数据异常。

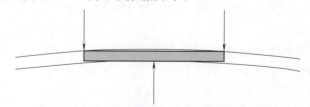

图 2-3　保护管被压扁弯曲后 SAA 三点受力

对于收敛工作模式的 SAA 安装，保护管的选择与竖向安装相同。

2.2　不同型号产品参数介绍

SAAR 已经停产，且全球应用量非常小，本文不再进行介绍，下面主要介绍 SAAF、SAAV、

SAAX、SAAScan 四种型号。

2.2.1 SAAF 型号介绍

SAAF 是截至 2018 年全球累计销售长度最多的型号，于 2018 年停产，被 SAAV 代替。SAAF 拥有两层钢编网结构，柔性关节材质为普通胶皮，出厂时固定在木卷筒上。其出厂组装图、包装尺寸、出厂标签、结构组成及结构尺寸分别如图 2-4～图 2-7 所示，标称参数见附录 B 表 B-1。在竖向安装下，柔性关节会受到自身重力作用而产生压缩变形，由原外径 23 mm 膨胀为 27 mm，柔性关节如图 2-8～图 2-10 所示。

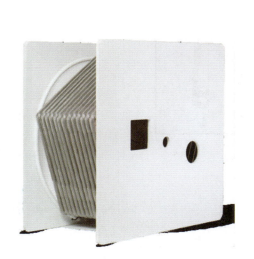

(a) SAAF 出厂组装图

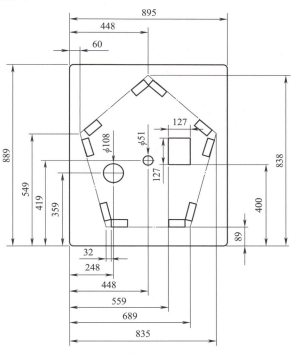

(b) 木卷筒尺寸（单位：mm）

图 2-4　SAAF 出厂组装图及木卷筒尺寸

注：木卷筒厚度＝传感节段数量/5×28 mm＋50 mm

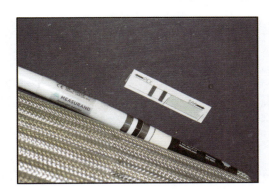

图 2-5　SAAF 出线端及出厂标签

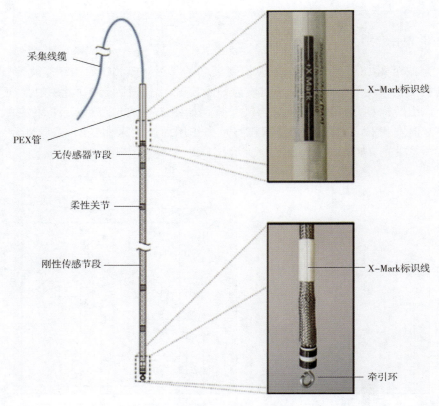

图 2-6　SAAF 结构组成图

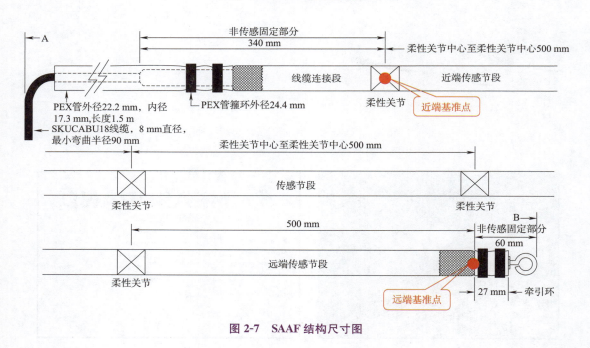

图 2-7　SAAF 结构尺寸图

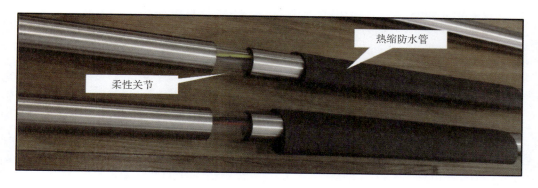

图 2-8　SAAF 柔性关节封装前

图 2-9　SAAF 柔性关节封装后

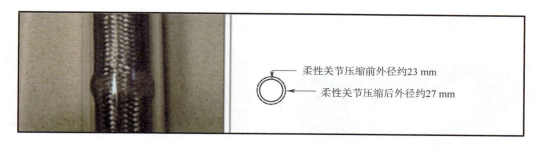

图 2-10　SAAF 柔性关节压缩示意图

2.2.2　SAAV 型号介绍

SAAV 是 2017 年推出的型号,具有更小的截面尺寸、更先进的传感器模组和全球首创的 Zigzag 安装方法。该型号可以安装在内径 40～100 mm 及 27 mm 的保护管内,用户可根据现场安装条件进行灵活配置。SAAV 较其他型号产品拥有更好的现场适用性,能够直接安装在既有测斜管或光滑套管中。其出厂组装图、包装尺寸、出厂标签、结构组成及结构尺寸分别如图 2-11～图 2-13 所示,标称参数见附录 B 表 B-2。

12 | 阵列式位移计原理及应用

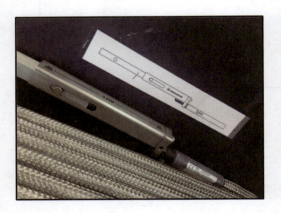

(a) SAAV出厂组装图　　　　　　　　(b) 木卷筒尺寸（单位：mm）

图 2-11　SAAV 出厂组装图及木卷筒尺寸

注：木卷筒厚度＝(传感节段数量＋静默段数量)/5×21 mm＋50 mm

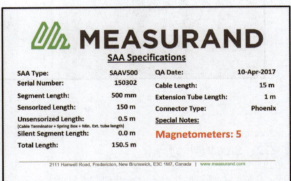

图 2-12　SAAV 出线端及出厂标签

第2章 阵列式位移计的选型及参数 | 13

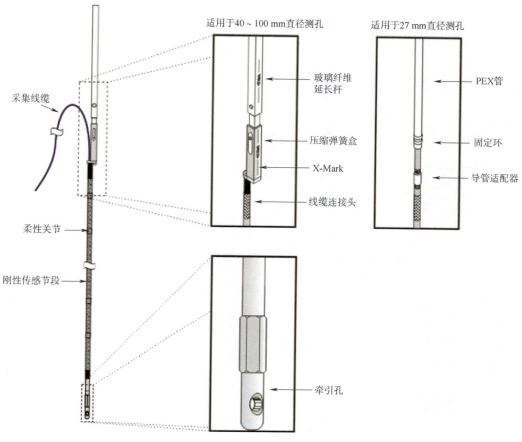

图 2-13　SAAV 结构组成图

SAAV 的结构尺寸图分为两种类型,如图 2-14、图 2-15 所示。

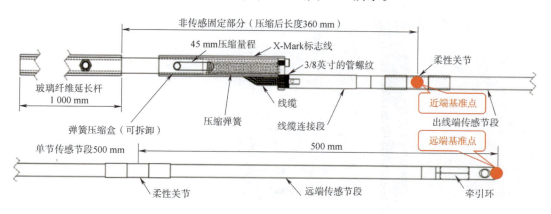

图 2-14　SAAV 结构尺寸图(适用于 47～100 mm 内径保护管)

SAAV 较之其他型号产品最大的特点是增加了静默段以及 Zigzag 竖向安装方式。静默段每节标准长度为 500 mm,数量根据现场情况灵活选用,安装示意如图 2-16 所示。Zigzag 竖向安装方式示意如图 2-17 所示。

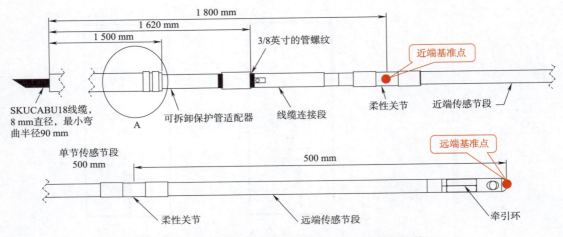

图 2-15　SAAV 结构尺寸图（适用于 27 mm 内径保护管）

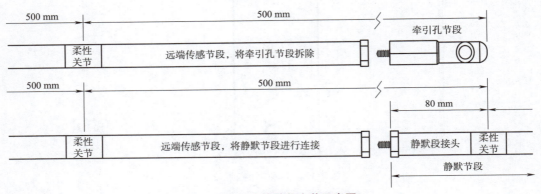

图 2-16　远端静默段安装示意图

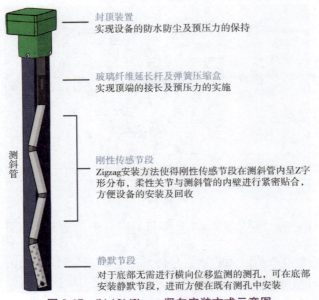

图 2-17　SAAV Zigzag 竖向安装方式示意图

2.2.3 SAAX 型号介绍

SAAX 的单个传感节段长度为 1 000 mm,当前仅能用于横向工作模式,Measurand 公司正在进行测试,未来会增加竖向及收敛工作模式,官方标称参数表已给出,本书暂列出以供参考。SAAX 的柔性关节采用了高强度液压胶管,其压力等级、工作温度及耐磨性能等参数较之 SAAF 均有大幅的提升,当前采用的是 Aeroquip(爱罗奎普)公司的 GH793 MatchMate Global 二层钢丝编织软管,如图 2-18 所示。SAAX 出厂组装图、包装尺寸、出厂标签、结构尺寸分别如图 2-19~图 2-21 所示,标称参数见附录 B 表 B-3。

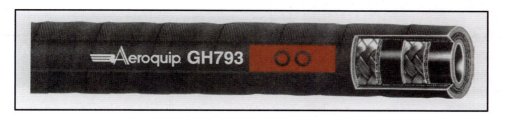

图 2-18 SAAX 柔性关节的液压胶管(Aeroquip GH793)

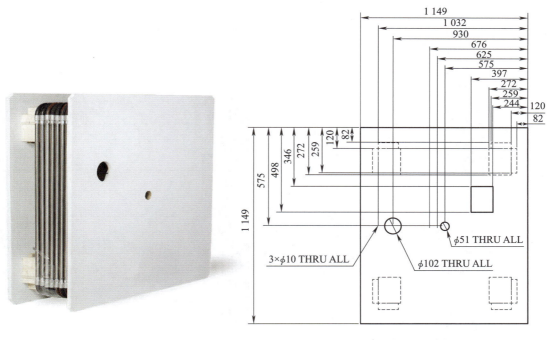

(a) SAAX出厂组装图 (b) 木卷筒尺寸(单位:mm)

图 2-19 SAAX 出厂组装图及木卷筒尺寸

注:木卷筒厚度=传感节段数量/4×23 mm+50 mm

图 2-20　SAAX 出线端及柔性关节以及出厂标签

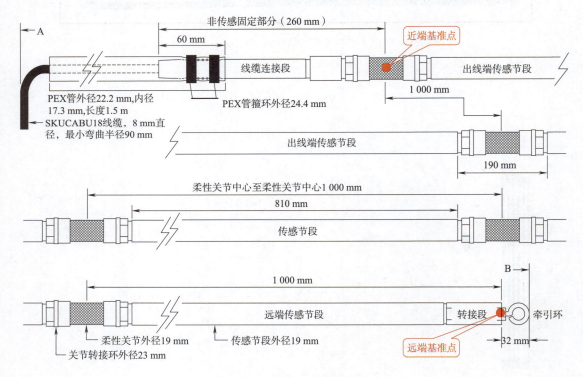

图 2-21　SAAX 结构尺寸图

2.2.4　SAAScan 型号介绍

SAAScan 拥有与 SAAX 相似的柔性关节和刚性节段，只是单个传感节段长度为 500 mm，其坚固的外部结构更加适合测量竖向钻孔的线状形态。SAAScan 出厂组装图、包装尺寸、出厂标签及结构尺寸分别如图 2-22～图 2-24 所示，标称参数见附录 B 表 B-4。

第2章 阵列式位移计的选型及参数 | 17

(a) SAAScan出厂组装图

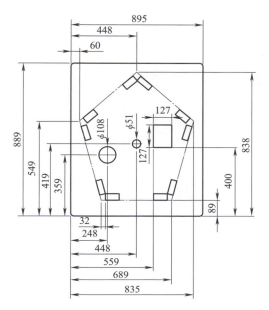

(b) 木卷筒尺寸（单位：mm）

图 2-22 SAAScan 出厂组装图及木卷筒尺寸

注：木卷筒厚度＝传感节段数量/5×23 mm＋75 mm

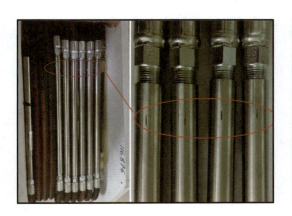

图 2-23 SAAScan 出线端及柔性关节以及出厂标签

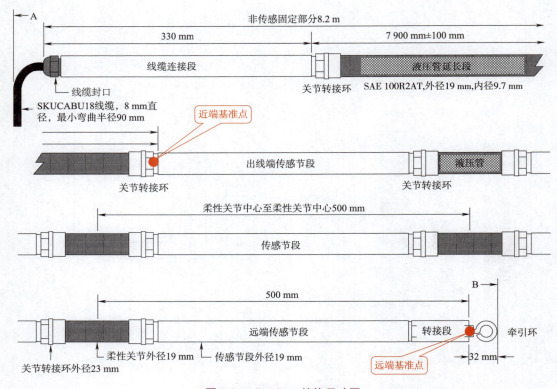

图 2-24　SAAScan 结构尺寸图

第 3 章　阵列式位移计的原理

阵列式位移计是一套由刚性传感节段与非传感节段通过柔性关节采用阵列方式串联而成的集成系统，本章将对其工作原理、主要传感器及系统组成等进行介绍。

3.1　单个节段的组成

阵列式位移计的每个刚性传感节段内装有一片由加速度计、MCU 及 SP485 芯片等组成的传感器模组（图 3-1、图 3-2）。每片传感器模组上安装相互垂直的两个加速度计，一个为双轴，一个为单轴，共同构成了一个三轴加速度计。加速度计既可测量空间三向敏感轴相对于重力的比力值，又可测量三向线性加速度值。

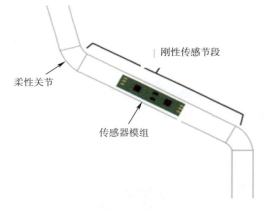

(a) 单个刚性传感器节段的组成　　　　　　(b) 加速度计双轴端

图 3-1　单个刚性传感器节段的组成及加速度计双轴端

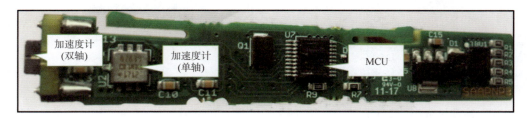

图 3-2　传感器模组

3.2　加速度计的原理

加速度计是一种能够测量加速度的传感器，通常由质量块、阻尼器、弹性元件、敏感元件和适调电路等部分组成（图 3-3）。在加速过程中，传感器通过对质量块所受惯性力的测量，利用牛顿第二定律获得加速度值。根据传感器敏感元件的不同，常见的加速度传感器包括电容式、电感式、应变式、压阻式、压电式等。电容式加速度计采用了微机电系统（MEMS）工艺，在大量生产时变得更加经济，从而保证了较低的成本，目前在智能手机及智能监测等领域中广泛应用。

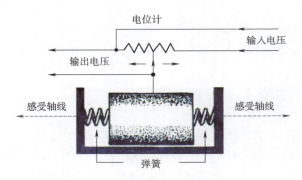

图 3-3　加速度计示意图

为了获得较高精度和最小截面尺寸，阵列式位移计采用了电容式微机械加速度计（Microelectro Mechanical Systems，简写为 MEMS），又称为硅加速度计。MEMS 加速度计（图 3-4）就是使用 MEMS 技术制造的加速度计，由于采用了微机电系统技术，使得其尺寸大大缩小，一个 MEMS 加速度计的大小只有指甲盖的几分之一。MEMS 加速度计具有体积小、重量轻、成本低、功耗低、可靠性高、适于批量化生产、易于集成和实现智能化的特点，同时微米量级的特征尺寸使得其可以完成某些传统机械传感器所不能实现的功能。

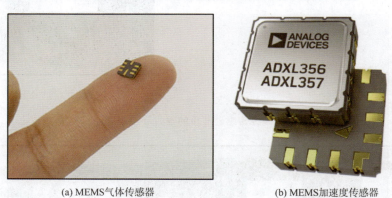

(a) MEMS气体传感器　　　　(b) MEMS加速度传感器

图 3-4　MEMS 传感器

按输入轴数目分类，有单轴、双轴和三轴加速度计。典型的 MEMS 单轴加速度计（图 3-5）的核心单元是一个由指状栅条（Finger Set）组成的可移动条形结构，其中一组固定到基片上，而另一组则连接到一组悬浮弹簧的质量块上，该悬浮弹簧能够根据所施加的加速度产生移动。在加速度的作用下，质量块会产生偏移，拉动差动电容的中心极板滑动，使两个电容容值不同，便在中心极板产生电压，电压大小与测量的加速度成正比。

加速度值的确定依据如下两个定律和公式：

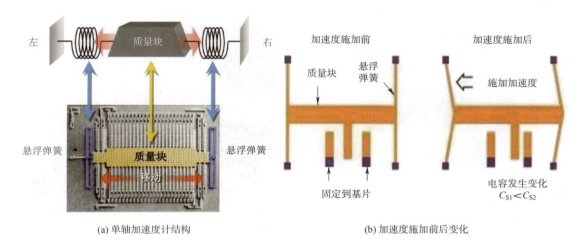

(a) 单轴加速度计结构　　　　　　　(b) 加速度施加前后变化

图 3-5　MEMS 单轴加速度计原理

(1) 胡克定律

曾译为虎克定律，是力学弹性理论中的一条基本定律，表述为：固体材料受力之后，材料中的应力与应变(单位变形量)之间呈线性关系。对应图 3-5，即悬浮弹簧在质量块的作用下发生弹性形变时，悬浮弹簧的弹力和伸长量(或压缩量)成正比，公式为

$$F = k \cdot x \tag{3-1}$$

式中　F——悬浮弹簧的弹力；

　　　k——物质的弹性系数，只由材料的性质所决定，MEMS 传感器材料既定，本项已知；

　　　x——弹簧的伸长量或压缩量，可通过量测得到。

式(3-1)中，负号表示弹簧所产生的弹力与其伸长(或压缩)的方向相反。

(2) 牛顿第二运动定律

常见表述为：物体加速度的大小跟作用力成正比，跟物体的质量成反比，且与物体质量的倒数成正比；加速度的方向跟作用力的方向相同。对应图 3-5，即质量块受到的加速度大小跟自身质量成反比，同质量块受到的外力成正比，公式为

$$F = m \cdot a \tag{3-2}$$

式中　F——质量块受到的外力，与悬浮弹簧的弹力数值相等；

　　　m——质量块的质量，MEMS 传感器结构既定，本项已知；

　　　a——加速度值。

综合如上两个公式，质量块受到的加速度为

$$a = k \cdot x / m \tag{3-3}$$

双轴和三轴加速度计的原理同单轴一致，如图 3-6 和图 3-7 所示。受 MEMS 器件的体积和设计原理的影响，一般 X 和 Y 轴的性能要优于 Z 轴，因此阵列式位移计并没有采用单个三轴加速度计，而是采用双轴+单轴的组合方式(图 3-2)。

通过如上分析我们可以看到，加速度计检测的是它受到的惯性力(重力也是惯性力)造成的微小形变。如果把加速度计水平静止放在桌子上，它的 Z 轴输出的是 $1g$ 的加速度，因为它的 Z 轴方向被重力向下拉出了一个形变，但如果让它做自由落体，它的 Z 轴输出应该是 $0g$。

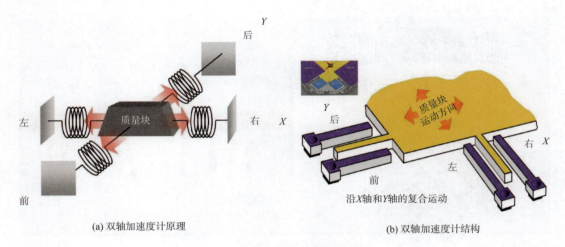

图 3-6 MEMS 双轴加速度计原理

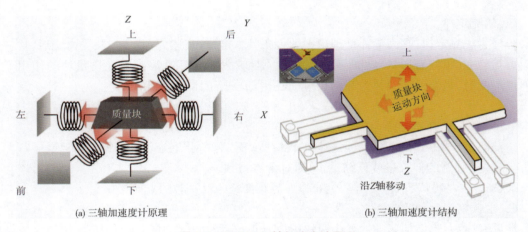

图 3-7 MEMS 三轴加速度计原理

因此,加速度计不会区分重力加速度与外力加速度。当系统在三维空间做变速运动时,它的输出就不正确了,或者说它的输出不能表明物体的姿态和运动状态。举个例子,当一个物体在空间做自由落体时,在 X 轴方向突然施加了一个外力作用,产生了 $1g$ 的加速度,此时 X、Y、Z 轴的输出分别是 $1g,0,0$。如果这个物体被 X 轴朝下静止放在水平面上,它的 X、Y、Z 轴的输出也同样是 $1g,0,0$。所以说,只用加速度计来估计姿态是很危险而不可取的。只有在静止状态下,物体只受到重力影响时,才能将它用于竖向倾角测量。换句话说,阵列式位移计不能用于动态条件下的位移测量,也不能用于监测其在水平面的摆动位移。

3.3 ADXL203 加速度计介绍

加速度计作为全套阵列式位移计的最核心器件,它的各项参数将直接影响阵列式位移计的精度和稳定性。多个型号的 SAA 都采用了美国模拟器件公司(简称 ADI)的加速度计,双轴为 ADXL203,单轴为 ADXL103。下面以 ADXL203 为代表进行介绍。

ADXL203 是一款高精度、低功耗的 IC 芯片双轴加速计(图 3-8),具有信号可调的电压输出,输出量为一个与加速度成比例的模拟电压信号。它的典型测量范围为 $\pm 1.7g$,既可测量静态的加速度,也可测量动态的加速度,可承受 3 500g 极限加速度。其下拉电流小于 700 μA,灵敏度达到 1 000 mV/g。该加速计在 -40 ℃到 125 ℃温度范围内具有 $\pm 0.3\%$ 的温度灵敏性;$\pm 0.025g$ 的零点偏移精度;在小于 60 Hz 的带宽下具有解决小于 0.001g 的解决方案(0.06°倾斜)以及优于 0.000 1g/℃的稳定性。采用 5 mm×5 mm×2 mm 的 LCC 封装。

ADXL203 内部电路框图如图 3-9 所示。传感器输出幅值与所测加速度成正比的方波信号,经过信号交流放大、相敏检波、低通滤波,得到与加速度成比例的电压信号。

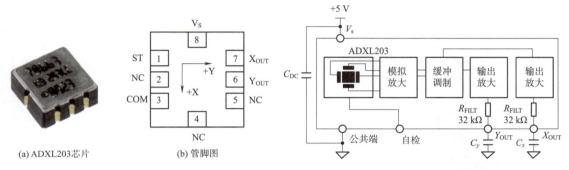

(a) ADXL203芯片　　(b) 管脚图

图 3-8　ADXL203 芯片及管脚图　　**图 3-9　ADXL 内部电路框图**

ADXL203 可以采用 3~6 V 之间的任意电源电压工作,但 5 V 时整体性能最佳。在 5 V 标准电压供电下,ADXL203 水平放置时,X、Y 轴与地球表面平行,传感器处于 0g 场,双轴输出电压均为 2.5 V。顺时针或逆时针旋转 90°将分别产生 $+1g$ 或 $-1g$ 场,相应的输出电压则分别是 3.5 V 或 1.5 V。各 IC 方向及其对应的输出电压如图 3-10 所示。SAA 在竖向工作模式下,成果计算主要是使用 ADXL203 输出的双轴数据,芯片的安装状态可参照图 3-10 的"水平放置时"。

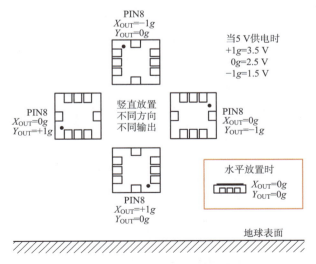

图 3-10　ADXL 不同方向的输出值

ADXL203 进行倾斜测量，是以重力矢量作为基准来测定物体的空间方位（图 3-11）。当感应轴与重力方向垂直（即 ADXL203 水平放置）时，它对倾斜度的变化是最敏感的，倾斜度每变化 1°，输出 g 值变化 0.017 5g；当感应轴与水平成 45°角时，倾斜度每变化 1°，输出 g 值变化只有 0.012 2g；而当感应轴与重力方向接近平行时（所感应到的加速度接近 +g 或 −g），倾斜度每变化 1°，加速计输出几乎没有什么变化。随着测量倾斜角度的增大，传感器的测量精度下降，这是因为将加速度值转换为倾斜角使用了正弦函数。sin 是一个非线性函数（图 3-12），加速度值与倾斜角之间的关系是非线性的，在接近零时其线性度处于最佳状态，即其此时具有最佳的测量精度。随着 θ 的增大，测量精度下降，这也正是 SAA 在竖向和横向工作模式限定了最大工作范围为 ±60°的原因。

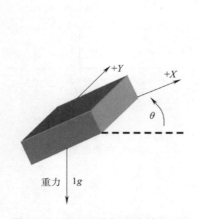

图 3-11 重力矢量与感应轴关系图

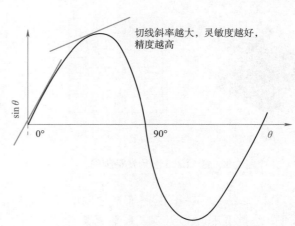

图 3-12 灵敏度与倾斜角（θ）关系曲线图

ADXL203 输出的是模拟电压信号，需要使用模数转换器转为数字量，转换公式如下：

$$X_a = (X_{out} \cdot V_{DD}/2^d - V_{0g})/K_{av} \tag{3-4}$$

$$Y_a = (Y_{out} \cdot V_{DD}/2^d - V_{0g})/K_{av} \tag{3-5}$$

式中　X_a, Y_a——X、Y 轴输出的加速度值（g）；

　　　X_{out}, Y_{out}——模数转换器输出的 X、Y 轴数值；

　　　V_{DD}——芯片的供电电压（V），ADXL203 的标准电压为 5 V；

　　　d——模数转换器的位数，SAA 采用 16 位 ADC，2^d 数值为 65 536；

　　　V_{0g}——重力加速为 0g 时的电压值，ADXL203 为 2.5 V；

　　　K_{av}——加速度值与测量电压的比例系数，也称灵敏度，ADXL 在标准电压 5 V 下为 1 000 mV/g。

X、Y 轴的加速度值得到后，通过如下公式得到传感器 X、Y 轴相对于水平面的倾斜角度：

$$\theta_X = \arcsin(X_a/1g) \tag{3-6}$$

$$\theta_Y = \arcsin(Y_a/1g) \tag{3-7}$$

式中　θ_X, θ_Y——传感器 X、Y 轴相对于水平面的夹角（°）；

　　　X_a, Y_a——式(3-4)、式(3-5)计算得到的 X、Y 轴加速度值（g）。

3.4 工作原理

3.4.1 单个节段工作原理

如图 3-13 所示,θ_1 角度由倾角计量测得出,L 长度已知,使用三角函数分别得到两端点在 XZ 坐标系下的坐标值 (X_1,Z_1) 和 (X_2,Z_2)。这里需要特别说明,阵列式位移计的各关节处坐标是使用静态下重力加速度得到倾角值与节段定长计算得出的,而并非动态加速度的二次积分。

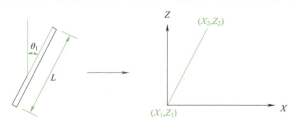

图 3-13 单节段工作原理图

3.4.2 多个节段工作原理

将单个节段通过柔性关节首尾相连,形成一套 SAA 系统。由于每个节段内倾角计的坐标系方向互不相同,SAA 出厂前,使用软件进行标定,得出每个节段内倾角计坐标系与 SAA 坐标系的转换参数,形成后缀名为*.cal 标定文件(图 3-14),通过内业数据转换实现坐标系变换,原理如图 3-15 所示。

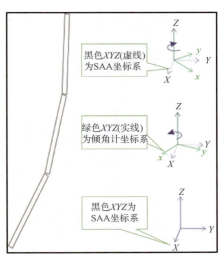

图 3-14 标定文件.cal   图 3-15 SAA 与倾角计坐标系图

在竖向工作模式下,由于单个刚性传感节段长度 L 已知,利用式(3-6)、式(3-7)计算得到的 θ_{Xi}、θ_{Yi},计算单个传感器节段两端柔性关节中心之间的变化量 Δx_i、Δy_i、Δz_i,通过 SAA 标定文件将倾角计坐标系转换到 SAA 坐标系下,得到 D_{xi}、D_{yi}、D_{zi},根据基准点坐标固定为 $(X_0=0,Y_0=0,Z_0=0)$,依次连续对各节变化量算术求和 $\sum(D_{xi},D_{yi},D_{zi})$,即可得到各个柔性关节中心点的绝对坐标值($X_i,Y_i,Z_i$),计算公式见式(3-8)~式(3-10),图示如图 3-16 所示。

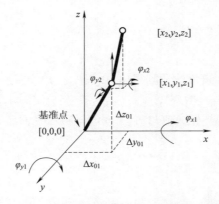

图 3-16　SAA 坐标系下的工作原理图

$$X_i = X_{(i-1)} + D_{xi}(i=1,2,3,\cdots,n,n \text{ 为节段数}+1,X_0=0) \tag{3-8}$$

$$Y_i = Y_{(i-1)} + D_{yi}(i=1,2,3,\cdots,n,n \text{ 为节段数}+1,Y_0=0) \tag{3-9}$$

$$Z_i = Z_{(i-1)} + D_{zi}(i=1,2,3,\cdots,n,n \text{ 为节段数}+1,Z_0=0) \tag{3-10}$$

$$D_{xi} = \sin\theta_{Xi} \times L \tag{3-11}$$

$$D_{yi} = \sin\theta_{Yi} \times L \tag{3-12}$$

$$D_{zi} = \text{sqrt}(L^2 - (D_{xi}^2 + D_{yi}^2)) \tag{3-13}$$

式中　X_i,Y_i,Z_i——第 i 个柔性关节中心点的绝对坐标(mm);

　　　D_{xi},D_{yi},D_{zi}——SAA 坐标系下,第 i 个传感节段两端柔性关节中心的相对坐标(mm);

　　　L——单个刚性传感节段柔性关节中心点之间的距离(mm);

　　　θ_{Xi},θ_{Yi}——传感器坐标系下,X、Y 轴相对于水平面的夹角。

在不同工作模式下,阵列式位移计的两个传感器发挥着不同的作用:

(1)竖向工作模式

当 SAA 整体与铅垂线的夹角小于 60°时,可设定其处于竖向工作模式。此模式下,SAA 只启用双轴 XY 传感器数据,计算得到各节点的三维坐标 XYZ。

(2)横向工作模式

当 SAA 整体与水平面的夹角小于 60°时,可设定其处于横向工作模式。此模式下,SAA 只启用单轴 Z 传感器数据,计算得到各节点的二维坐标 XZ。

(3)收敛工作模式

当 SAA 整体呈现半圆弧以上的形状,通过配置 Site 文件,可设定其处于收敛工作模式。此模式下,SAA 综合应用双轴 XY 传感器和单轴 Z 传感器的数据,计算得到各节点的二维坐标 XZ。

3.4.3　坐标系定义

阵列式位移计的坐标系与工作模式和磁力计相关,定义如下:

1. 竖向工作模式

没有磁力计时,SAA 坐标系依靠 X-Mark 标志线定义,X 轴正值方向对齐 X-Mark 标志线方向,Y 轴正值方向以 X 轴逆时针旋转 90°,Z 轴正值方向垂直向上,如图 3-17 所示。

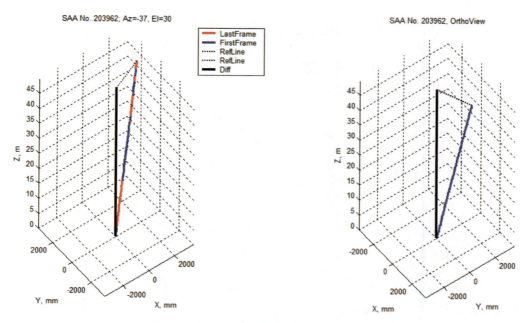

图 3-17　竖向工作模式时 SAA 坐标系（截图）

当有磁力计时，SAA 坐标系不再使用 X-Mark 标志线，而是将磁力计的磁北方向定义为 X 轴正值方向。

在竖向安装在测斜管中时，X-Mark、磁力计（磁北）及滑动式测斜仪 A+（变形方向）的相互关系如图 3-18 所示。SAA 坐标系修正角为从变形方向顺时针旋转到 SAA 坐标系 X 轴正值方向的角度值。对应图 3-18，当没有磁力计时，修正角为 315°；当有磁力计时，修正角为 45°。修正角的量取可使用 SAA 专用量角器。

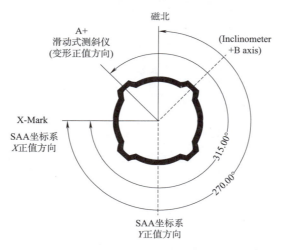

图 3-18　SAA 坐标系、磁力计及变形方向关系图

2. 横向工作模式

横向工作模式，磁力计不再发挥作用，X 轴正值方向为垂直向上，Y 轴数据为 0，Z 轴数据为水平方向，如图 3-19 所示。

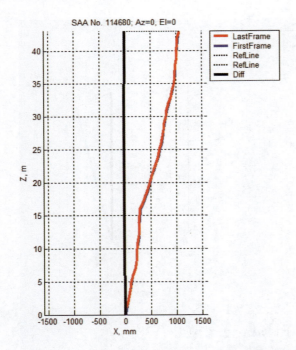
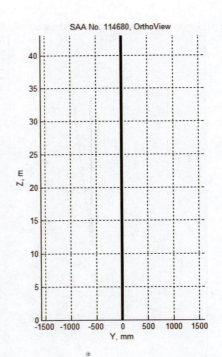

图 3-19　横向工作模式时 SAA 坐标系（截图）

3. 收敛工作模式

收敛工作模式，磁力计也不发挥作用，X 轴正值方向为垂直向上，Y 轴数据为 0，Z 轴数据为水平方向，如图 3-20 所示。

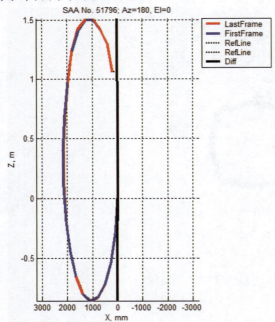
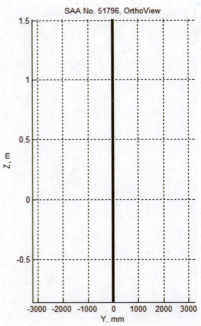

图 3-20　收敛工作模式时 SAA 坐标系（截图）

3.4.4 磁力计工作原理

当阵列式位移计超过一定长度,或当 SAA 整体埋入监测孔中,无法通过 X-Mark 标志线量取修正角,这时就需要在 SAA 中的部分传感节段内安装磁力计。

1. 磁力计概述

磁力计(Magnetometer)也叫电子罗盘,用于测试磁场强度和定位设备的方向方位。磁力计的原理与指南针原理类似,可以测量出当前设备与东南西北四个方向上的夹角。磁力计与传统指针式和平衡架结构罗盘相比,能耗低、体积小、重量轻、精度高、可微型化。目前,广为使用的是三轴捷联磁阻式数字磁罗盘,这种罗盘具有抗摇动和抗震性、航向精度较高、对干扰场有电子补偿、可以集成到控制回路中进行数据链接等优点。

SAA 采用 Honeywell 公司出品的 HMC6343 三轴数字罗盘模块,简介如图 3-21 所示。

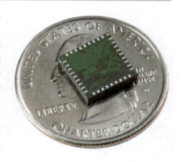

图 3-21 Honeywell HMC6343 三轴数字罗盘模块

2. 磁力计的工作原理

对于长度超过 80 m 的阵列式位移计,由于柔性关节的扭转效应累积,会导致 SAA 各节段间产生相对扭转,如图 3-22 所示,虚线坐标系为设备标定后的初始状态,实线坐标系为扭转后的坐标系。

柔性关节间产生的扭转会直接影响数据成果,致使 X、Y 轴的数据失真,如图 3-23 所示,X 与 Y 轴的数据随时间逐渐增大,X 轴数据最大接近 100 mm。通过使用修正算法进行扭转修正后,真实的变形曲线如图 3-24 所示,X 轴数据只在 2 mm 范围内波动。

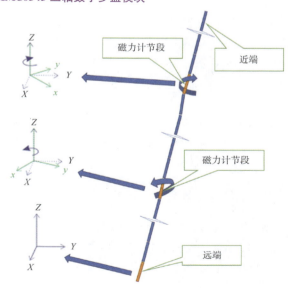

图 3-22 磁力计的作用原理图

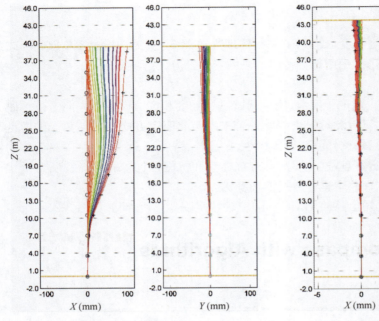

图 3-23　扭转影响前的失真数据　　　　图 3-24　扭转修正后的真实数据

对于长度较短 SAA 产生的小扭转，可以使用多期连续数据通过扭转算法进行修正。但超长 SAA 首尾节段相对扭转角度会超过扭转算法适用范围，须使用磁力计数据作为补充。

磁力计的安装个数由 SAA 长度决定，150 m 以内的 SAA 一般安装三个磁力计，分别位于底部、中间和距出线端约 6.5 m 的节段内。磁力计所在节段的修正角度以磁力计输出的与北方向（N）夹角为依据，两个磁力计之间各节段修正角通过内插方式求得，最上部磁力计至 SAA 出线端之间的各节段修正角采用外推方式，坐标变换如图 3-25 所示，修正公式见式(3-14)。

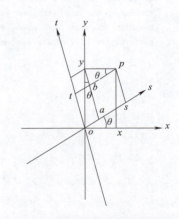

$$\begin{bmatrix} s \\ t \end{bmatrix} = \begin{pmatrix} \cos\theta & \sin\theta \\ -\sin\theta & \cos\theta \end{pmatrix} \cdot \begin{pmatrix} x \\ y \end{pmatrix} \quad (3\text{-}14)$$

式中　s,t——扭转修正后的坐标；
　　　x,y——扭转修正前的坐标；
　　　θ——扭转修正角。

图 3-25　扭转修正的前后坐标变换图

3.4.5　扭转修正原理

滑动式测斜仪和固定式测斜仪通过测斜管的导槽限制轴向扭转对数据的影响，而阵列式位移计的结构形式和安装方法致使其对轴向扭转具有较差的抵制能力，但通过算法修正可以较好地解决此问题。

竖向、横向和收敛三种工作模式下，成果数据均会受到轴向扭转的不同影响，而在竖向倾斜状态下受到的影响最大,下面以竖向倾斜为例进行说明。

1. 轴向扭转产生的原因

SAA 在安装和运维过程中均可能产生轴向扭转,应采取措施予以有效避免。下列情况下,轴向扭转发生概率比较高,应特别关注:

(1)SAA 装入保护管时,限制了其自由平顺滑入保护管内。

(2)SAA 装入保护管后,为了使 X-Mark 标志线与变形方向对齐,人为强行扭转 SAA。

(3)SAA 的传感器节段没有完全装入地面以下,部分节段突出地表。

(4)运维期,顶部保护管受到外力撞动。

(5)运维期,人为扭转保护管或 SAA。

(6)SAA 使用完卷回木卷筒时,没有将标志点对齐。

触发轴向扭转最简单的办法是给地面上的弯折保护管一个横向推力,如图 3-26 所示,将一个弯折的白色 PE 管夹在工具钳上立于平滑地面,工具钳的手柄与瓷砖接缝平行,通过透明吸管给 PE 管顶部施加一个横向推力(并非扭力),随即地面上工具钳手柄发生了顺时针旋转,这也就意味着底部竖向 PE 管产生了一个轴向扭转。

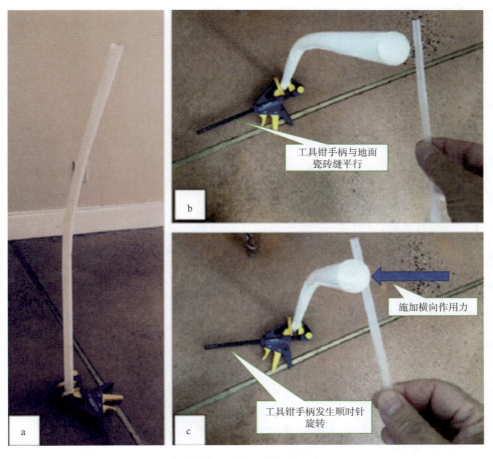

图 3-26　轴向扭转模拟试验

2. 非扭转状况下的 SAA 变形模拟

假定有两根 500 mm 长的传感节段竖向相连,在 T_1 时刻,下部节段铅垂,上部节段在 X 轴方向偏离铅垂线 20°;在 T_2 时刻,对上部节段在 X 轴方向继续施加 5°倾角。绝对坐标系下的示意图如图 3-27 所示。

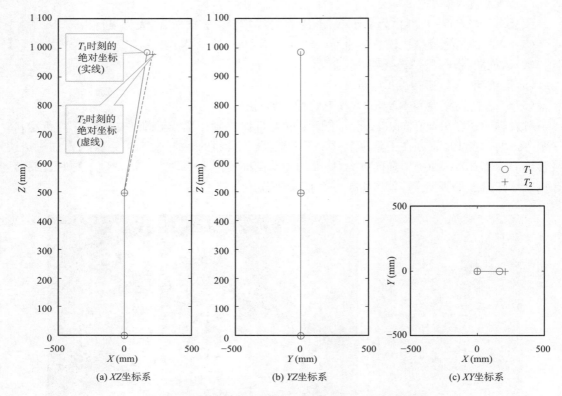

(a) XZ坐标系 (b) YZ坐标系 (c) XY坐标系

图 3-27 非扭转状况下的 SAA 形变模拟(绝对坐标系)

通过三角函数关系,计算得出顶部节点的 X 轴方向的变形量为

$$D_x = 500 \cdot (\sin 25° - \sin 20°) = 40.299 \text{ mm}$$

现实工程中,由于实际变形的量值很小,在绝对坐标系下很难直观地进行展示。因此,仅绘制变形量的相对坐标系被广泛采用,如图 3-28 所示。

3. 扭转状况下的 SAA 变形模拟

假定 SAA 安装在 27 mm 内径的保护管中,SAA 与保护管的初始形状与上一节相同,即底部节段铅垂,顶部节段偏离铅垂线 20°。给 SAA 施加扭转力,使其在保护管内绕着轴线逆时针旋转 10°,由于没有产生倾角变化,因此扭转前后 SAA 及保护管在真实空间中的形态并没有变化,如图 3-29 所示。

SAA 在保护管内转动后,会导致刚性传感节段内的传感器模组也相应转动,最终致使 X、Y 坐标数值发生了一定的变化,顶部节点变化后的 X、Y 坐标分别为

$$X_{2\text{-rot}} = X_2 \cdot \cos 10° - Y_2 \cdot \sin 10° = 168.412 \text{ mm} \quad (3\text{-}15)$$

$$Y_{2\text{-rot}} = Y_2 \cdot \cos 10° - X_2 \cdot \sin 10° = -29.696 \text{ mm} \quad (3\text{-}16)$$

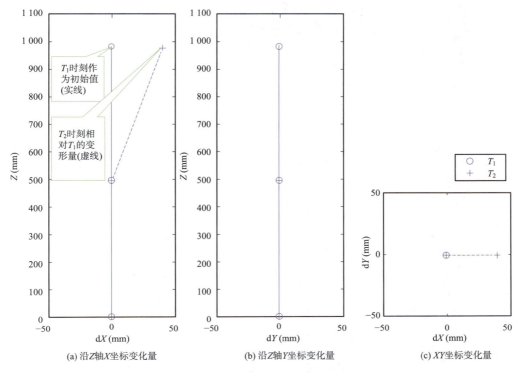

(a) 沿Z轴X坐标变化量　　(b) 沿Z轴Y坐标变化量　　(c) XY坐标变化量

图 3-28　非扭转状况下的 SAA 形变模拟（相对坐标系）

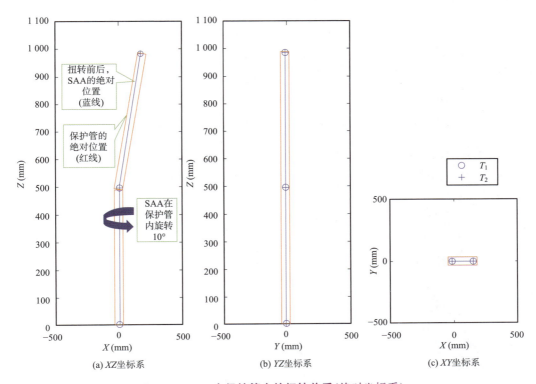

(a) XZ坐标系　　(b) YZ坐标系　　(c) XY坐标系

图 3-29　SAA 在保护管内的扭转前后（绝对坐标系）

式中 $X_{2\text{-rot}}, Y_{2\text{-rot}}$——顶部节点旋转后的绝对坐标值;

X_2, Y_2——顶部节点旋转前的绝对坐标值,$X_2 = 500 \times \sin 20°, Y_2 = 0$。

相对坐标系下的变化量为

$$D_{x2} = X_{2\text{-rot}} - X_2 = 168.142 - 171.010 = -2.598 \text{ mm}$$

$$D_{y2} = Y_{2\text{-rot}} - Y_2 = 29.696 - 0 = 29.696 \text{ mm}$$

相对坐标系的变形量如图 3-30 所示。

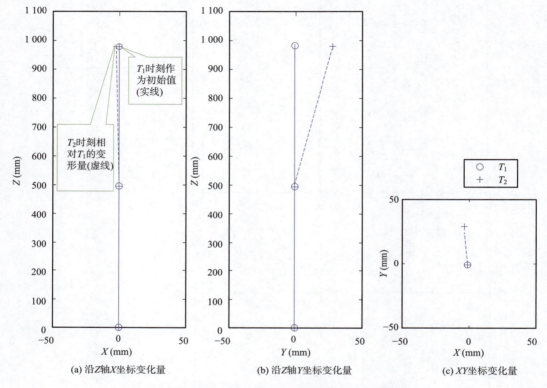

图 3-30 扭转 10°下的 SAA 变形量模拟（相对坐标系）

下面,单独取出顶部节段进行分析。在轴向扭转的持续作用下,顶端节点的 X、Y 坐标值将会在圆形平面内进行交替变化,如图 3-31 所示。

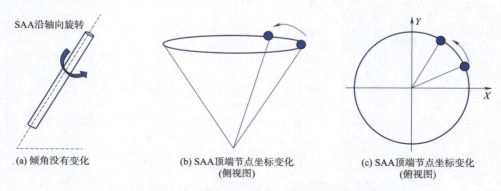

图 3-31 扭转持续作用下的节点坐标变化量（绝对坐标系）

在完全铅垂状态下,由于 X、Y 坐标数值趋近于零,扭转对于成果的影响非常小。随着偏离铅垂方向角度值的增大,扭转影响也随之逐渐增大。在水平状态下,虽然扭转对 X、Y 坐标值影响最大,但由于相邻节点间的高差仅使用 Z 轴数据计算,因此轴向扭转对于横向工作模式并没有影响,如图 3-32 所示。

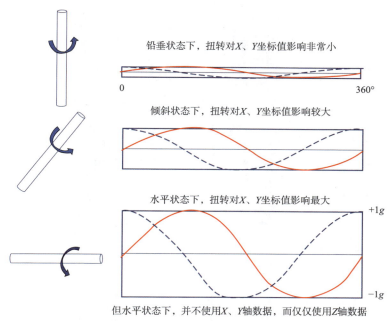

图 3-32 轴向扭转对不同倾斜状态的影响分析
(红实线为 X 轴数据,蓝虚线为 Y 轴数据)

虽然在轴向扭转影响下 X、Y 轴数据均发生变化,但该节段相对于水平面的夹角并没有变化,也就是 T_1 和 T_2 时刻的 $\mathrm{sqrt}(X^2+Y^2)$ 相等。对应图 3-30 下面的算例:

T_1 时刻:$\mathrm{sqrt}(X^2+Y^2)=\mathrm{sqrt}(171.010^2+0)=171.010$ mm

T_2 时刻:$\mathrm{sqrt}(X^2+Y^2)=\mathrm{sqrt}(168.412^2+(-29.696)^2)=171.010$ mm

对于 SAA 的每个节段均单独采用上述方法进行扭转判别。判别后,就需要对扭转的节段进行修正,通过 $\arctan(Y/X)$ 可以计算得到每个节段的扭转角度,针对本算例:

$$\arctan(Y/X)=\arctan(-29.696/168.142)=-10°$$

求得扭转角后,就可以通过式(3-14)进行 X、Y 坐标修正。

本算例仅仅一个节段发生 10°扭转,对 Y 坐标的影响达到近 30 mm。一根长 50 m 的 SAAV,偏移铅垂线 2°,当整体施加 1°的轴向扭转角,对 Y 坐标的影响也同样达到 30 mm。因此,轴向扭转对竖向工作模式下 SAA 带来的影响不容小视,设备安装时应予以特别盯防。

SAA 的配套软件 SAAView 具有轴向扭转的判别和修正功能,下面以一个实例数据进行说明。如图 3-33 所示,一根长度为 31.5 m 的 SAA 竖向安装在测孔内。一段时间后,沿 Z 轴(深度)方向,X 轴最大累计变形约 15 mm,位于 17 m 处;Y 轴最大累计变形约 8 mm,位于 15 m 处。SAAView 软件提供了扭转判别图(图 3-34),左侧为每个节段的倾斜角图,右侧为每

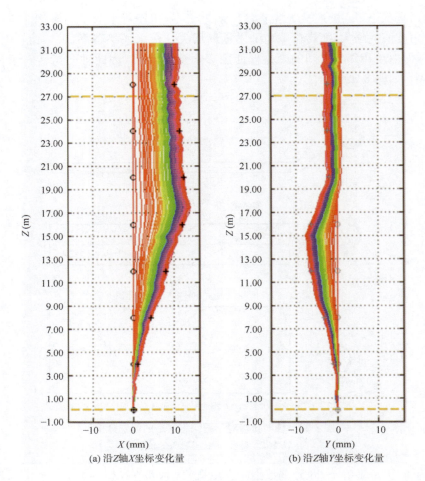

(a) 沿Z轴X坐标变化量　　　　(b) 沿Z轴Y坐标变化量

图 3-33　扭转修正前的变形曲线

个节段的扭转角图。当节段的倾斜角小于 0.35°时,轴向扭转对于 X、Y 坐标影响非常小,扭转角计算也非常不准确,因此对应小于 0.35°倾斜角的扭转角为空白,如图 3-34 中的蓝色圆圈。当节段的倾斜角刚刚超过 0.35°时,此时计算的扭转角也是非常不准确的,图形会呈现正负交替变化,此时扭转修正也是不可靠的,如图 3-24 中的绿色圆圈。对于 Z 轴中 22～0 m 的节段,倾斜角在 0.7°～3°范围,扭转角均偏向右侧正值方向,可以断定受到了轴向扭转的影响,扭转修正后的变形如图 3-35 所示,X、Y 坐标均小于 2 mm。

扭转判别和修正功能在实际使用时,应特别注意如下三点:

(1)扭转判别需要较多期等时间间隔的数据。在仅有几期数据情况下,扭转修正功能可能会引起变形方向和量值的错误改变,不推荐使用。

(2)当单个节段的倾斜角在 0.35°附近时,扭转角往往呈现如图 3-34(b)绿色圆圈所示的正负交替,这种情况下不建议使用扭转修正功能。

(3)扭转修正功能不适用于横向和收敛工作模式。

(4)扭转修正的使用应结合现场的埋设方式、形变特征等综合判别后再实施。

第3章 阵列式位移计的原理 | 37

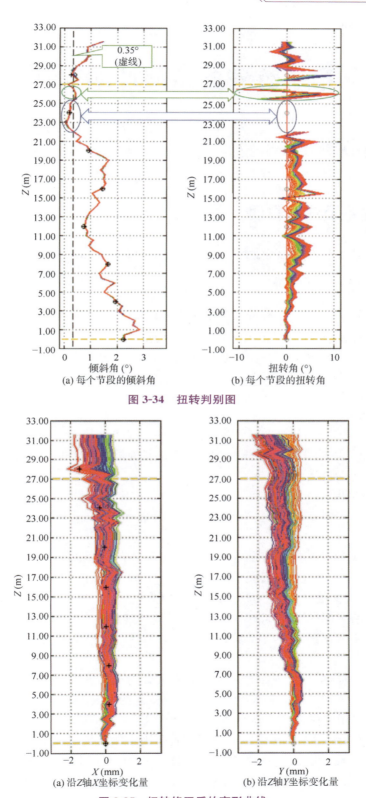

(a) 每个节段的倾斜角   (b) 每个节段的扭转角

图 3-34　扭转判别图

(a) 沿Z轴X坐标变化量   (b) 沿Z轴Y坐标变化量

图 3-35　扭转修正后的变形曲线

第 4 章 阵列式位移计的安装方法

根据被监测对象的不同,阵列式位移计拥有竖向、横向及收敛共三种工作模式,本章将对各个工作模式的安装方法进行介绍。

4.1 工具准备及注意事项

阵列式位移计的安装较之其他类型测斜仪简单而高效,为了确保安装过程的顺利,必须进行充分的准备。

1. 安全注意事项

同现场的其他安装工作一样,阵列式位移计在安装前应进行危险源的辨识和安全预案的编制,重点关注如下方面:

(1)事先对安装地点进行考察,查找并解决存在的各种隐患。比如:保持安装地点干燥,确保无地面障碍物等。

(2)参与安装的人员应穿着劳保服装。由于 SAA 表面的钢编网可能刺破皮肤或弄伤眼睛,因此在操作 SAA 或者木卷轴时,应戴上防刺伤手套,并佩戴防护安全眼镜。

(3)禁止在雷雨天气安装 SAA。安装孔位上方,禁止悬挂电力线。

(4)现场测试使用的蓄电池,应避免短路引起的电池爆炸或严重的烧伤。

(5)符合现场各项安全规程。

2. 操作注意事项

(1)不使用 SAA 时,应立即缠绕到木卷筒上,确保 SAA 的相邻刚性传感器节段不产生相对扭转。

(2)当把 SAA 卷回木卷筒上时,应小心地将柔性关节在木卷筒上排成直线。每次用相同的方式缠绕,拍照并记录,以确保缠绕方法正确。

(3)使用木卷筒缠绕时,应使用卷筒架支撑木卷筒。

(4)将 SAA 装入保护管前,应检查 SAA 有无断开或其他外观损坏。

(5)将 SAA 装入保护管后,不要旋转出线端的 PEX 管及线缆连接段,也不要横向任意摆动出线端。

(6)安装 SAA 前,应把保护管的端部毛边磨平,以防划伤 SAA 及安装人员。

(7)对 SAA 施加轴向拉力或压力时,不应超过规定的最大力值。

(8)安装时,尽量确保柔性关节处弯折角度小于 45°。

(9)当需要拉动 SAA 时,应对 PEX 管或非传感固定部分施加外力,禁止拉扯线缆。

(10)禁止在地面上拖拽或在锋利的边缘处移动 SAA,很可能会磨损其保护层。

(11)SAA 在储存、安装及工作时,不应超过规定的温度范围。当温度低于 −5 ℃,柔性关节将变得僵硬,保护管的脆性增加使得 SAA 难以安装,建议在安装前将 SAA 放置在室内或车内使其保温。

3. 所需工具及材料

(1)钢锯、卷尺、壁纸刀、标记笔、螺纹工具、绑扎带、切管刀、管道胶带、PEX 刀、电工胶带、PVC 胶、剪钳、PVC 管修边工具、剥线钳、螺丝刀、钢丝钳 等。

(2)脚手架,用于竖向安装时 SAA 的支撑,高度 2~4 m。

(3)卷筒架。

当把 SAA 从木卷筒卸下或缠回时,应使用卷筒架支撑木卷筒。木卷筒强度应足够坚固,能够支撑 SAA 和木卷筒的重量。不同种类的卷筒架如图 4-1 所示,重量见表 4-1。需要注意,SAA 在卷筒架的旋转方向取决于安装方式。一般情况下,当竖向安装时,SAA 活动端在顶部;当水平或收敛安装时,SAA 活动端在底部。150 m 长度的 SAAV 可以采用人力牵引方式,但设备的整体装卸需要起重机或叉车操作。

图 4-1　用于 SAA 安装的不同种类卷筒架

表 4-1　SAAV 和木卷筒的重量

SAAV 长度(m)	卷轴宽度(m)	SAA 重量(kg)	SAA 和木卷筒重量(kg)
30	0.3	18	32
65	0.6	39	66
100	0.9	60	100
150	1.4	90	300

(4)保护管

如果现场具备安装 47~100 mm 内径保护管的条件,对于竖向安装的 SAAV 型号产品,推荐使用 70 mm 或 85 mm 测斜管作为保护管,采用 Zigzag 方式进行安装。

如果现场不具备上面的条件,竖向及收敛安装推荐使用 UPVC(PVC-U)管[图 4-2(a)],外径 32 mm,壁厚 2 mm,标准长度为 4 m 一根,采用接头连接[图 4-2(b)],PVC 胶粘结,封帽封堵[图 4-2(c)]。

通常情况下,横向安装推荐采用外径 60 mm、壁厚 4.1 mm 的 PVC 管。如果 SAA 埋深超过 40 m,或者地面活载超过铁路行业的中-活载时,应根据式(4-1)选择适合的保护管。限差标

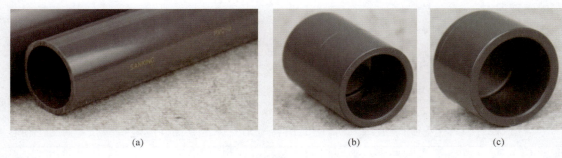

图 4-2　SAA 保护管及配件

准为压缩后内径大于 25 mm，最大压缩比小于 6%。

$$最大压缩比 = \frac{0.1(L_L + D_L)}{0.149 P_S + 0.061 E'} \times 100\% \tag{4-1}$$

式中　L_L——活载；

　　　D_L——恒载；

　　　P_S——保护管刚度；

　　　E'——土壤反应模量。

当最大压缩比超过限差时，应对保护管进行重新选择。

保护管对于 SAA 除了起到保护作用，还能有效解决柔性关节的先天不足，使得柔性关节能够实现铰链式的弯折，如图 4-3 所示。

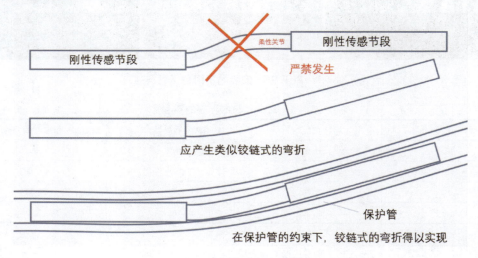

图 4-3　保护管的作用示意图

（5）顶端封口套件

将 SAAV 竖向装入保护管后，需要在顶端进行下压力固定，这时就需要图 4-4 所示的顶端封口套件。图 4-4(a)为 Zigzag 安装时，分别对应 85 mm 和 70 mm 外径测斜管的封口套件；图 4-4(b)为 32 mm 外径 PVC 保护管的封口套件，具体使用方式详见下一节。

（6）PEX 延长套件

SAA 出厂标配 1.5 mm 长 PEX 管，当 PEX 需要接长时，可使用图 4-5 所示的套件。

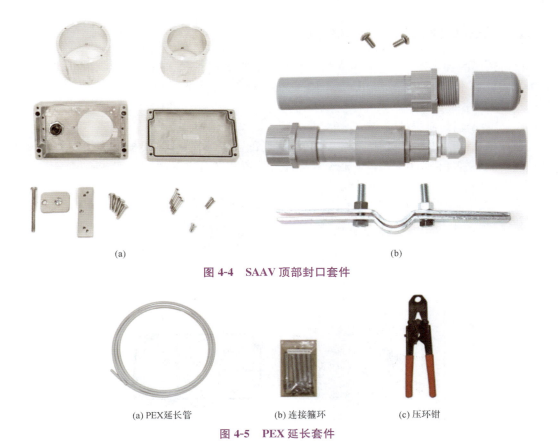

(a)　　　　　　　　　　　　　　　(b)

图 4-4　SAAV 顶部封口套件

(a) PEX延长管　　　　(b) 连接箍环　　　　(c) 压环钳

图 4-5　PEX 延长套件

(7) 钢锁链

采用 32 mm 外径 UPVC 管进行竖向安装时，如果将保护管和 SAA 分开装入测孔，需要使用钢锁链(图 4-6)为保护管进行配重，锁链外宽不大于 25 mm，自重大约 0.6 kg/m。保护管与锁链的长度比为 1∶1.5，即 1 m 保护管需要配 1.5 m 锁链。

图 4-6　钢锁链

4.2　竖向工作模式的安装方法

阵列式位移计最常用在竖向工作模式，广泛应用于滑坡、基坑围护结构测斜、构筑物倾斜等监测项目。对于 SAAV 型号的产品，根据保护管类型和现场情况，共有三种标准安装方法，分别为：安装于 85 mm 或 70 mm 外径测斜管内；安装于 47～100 mm 内径的保护管内；安装于 27 mm 内径的保护管内。下面分别对三种安装方法进行说明。

4.2.1　70 mm 及 85 mm 外径测斜管的安装方法

在现场已经埋设 85 mm 或 70 mm 外径测斜管的条件下,推荐采用 Zigzag 安装方法,采用图 4-4(a)的顶端封口套件,使用式(2-1)确定 SAAV 的长度,应小于测斜孔的深度 0.5～1 m。安装顺序如下:

1. 安装顶端封口套件

顶端封口套件(图 4-7)到达用户手中时,已经部分组装完整,需要根据现场测斜管尺寸更换对应的测斜管项圈。更换后,将玻璃纤维杆压缩板和底盘取下,使用胶带将防水盒与项圈暂时固定在测斜管上,如图 4-8 所示。

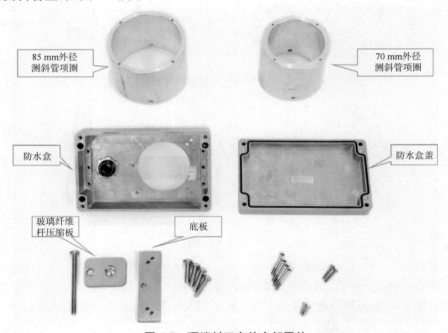

图 4-7　顶端封口套件全部零件

图 4-8　卸下底板确保测斜管内无障碍

2. 将 SAA 装入测斜管

(1)长度小于 50 m 的 SAAV 安装方法

将 SAAV 连同木卷筒一起放置在离测斜管约 1～1.5 m 的卷筒架上,把 SAAV 远端节段从顶部旋出,缓慢装入测斜管内,SAAV 表层不应与封口套件及测斜管产生摩擦,装入时尽量保证 SAAV 节段的竖直,如图 4-9 所示。两人即可完成操作,一人在孔口控制 SAAV 竖直穿入测斜管,另一人通过小心控制木卷筒的转速限制下降速度。避免将 SAAV 从木卷筒上向前猛拉,这样可能会导致柔性关节的损坏。

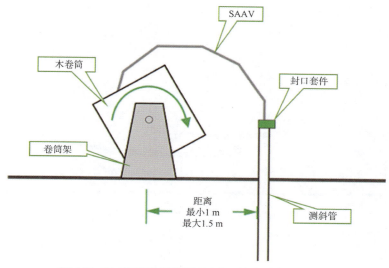

图 4-9　SAAV 安装侧视图(SAAV 长度不大于 50 m)

(2) 长度大于 50 m 的 SAAV 安装方法

对于长度超过 50 m 的 SAAV,由于自重的增加,操作会变得更加困难,这就需要增加牵引绳的额外保护。牵引绳的直径应小于 10 mm,承载力应大约为 SAAV 自重的 1.5 倍,长度应大于 SAAV 长度的 2.2 倍。将牵引绳穿入 SAAV 远端牵引环后,分开盘绕在设备的两侧,如图 4-10 所示。

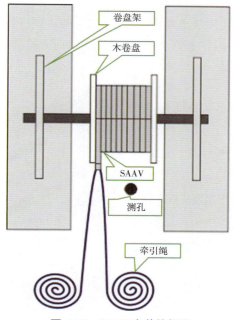

图 4-10　SAAV 安装俯视图

木卷筒距离测斜管约 1~1.5 m，把 SAAV 远端节段从顶部旋出，在牵引绳的保护下缓慢装入测斜管内。将两段牵引绳穿过 SAAV 一侧卷筒支撑杆后绕回，安装过程中牵引绳应保持松弛，尽量避免与 SAAV 缠绕在一起，SAAV 表层不应与封口套件及测斜管产生摩擦，装入时尽量保证 SAAV 节段的竖直，如图 4-11 所示。

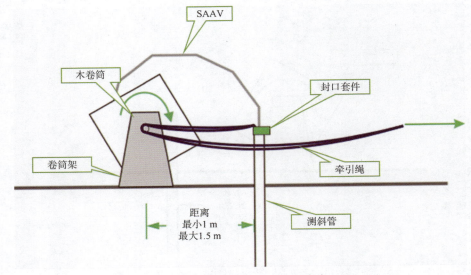

图 4-11　SAAV 安装侧视图（SAAV 长度大于 50 m）

将 SAAV 安装到底部后，需要将牵引绳从测斜管中取出，以防影响 SAAV 关节与测斜管内壁的紧密贴合。如果在拉出牵引绳过程中存在卡锁，可以尝试上下拉动 SAAV，直至牵引绳被完全取出。

3. 玻璃纤维延长杆的连接

先不要将压缩弹簧盒及线缆从木卷筒上拆下，把一节玻璃纤维延长杆参照图 4-12(a) 的方式与压缩弹簧盒进行螺栓连接，注意 X-Mark 标志线的对齐，如果需要连接更多的玻璃纤维延长杆，参照图 4-12(b) 进行连接。

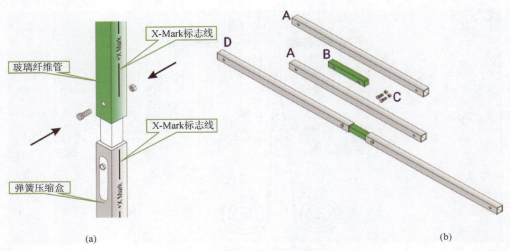

图 4-12　玻璃纤维延长杆的连接

4. SAAV下压

将压缩弹簧盒连同玻璃纤维延长杆及线缆从木卷筒上拆下后装入测斜管内,在测斜管管口平齐位置的玻璃纤维延长杆上用桩号笔划出一个标志线,然后手持玻璃纤维延长杆,将 SAAV 向上拉起 0.5~1 m,松手使其自由落体,如图 4-13 所示。当标志线无法看到时需重新标划,反复多次,直至管口标志线不再向下移动。

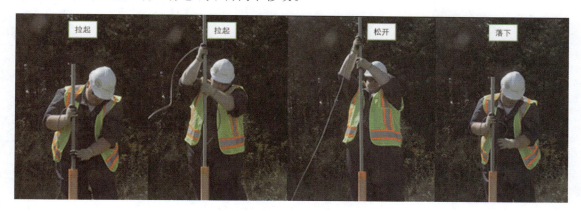

图 4-13　SAAV下压

5. 软件检测下压效果

（1）为了验证 SAAV 是否达到 Zigzag 安装方法的标准,点击 SAASuite3.0 及以上版本中的"Manual Data Collection",界面如图 4-14 所示,启动 SAARecorder 软件。

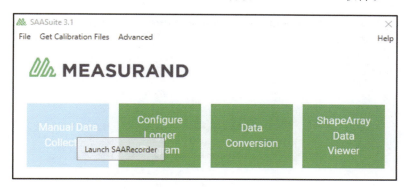

图 4-14　启动 SAARecorder 软件界面

（2）将 SAAV 与电脑进行连接,通过 SAARecorder 连接向导完成设备配置。

（3）启动软件检测模块 SAAV Installation Verification,如图 4-15 所示。

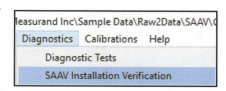

图 4-15　启动检测模块

（4）该检测模块既可检测实时数据,也可检测存档数据,此时使用实时数据（Live Data）。在"Casing Inner Diameter"中输入保护管内侧直径,数值应在 19~100 mm 之间,软件自动计算出理论压缩量、实际压缩量、剩余压缩量、预计下沉量、平均倾斜角以及期望倾斜角等参数,其中预计下沉量应小于 10 mm，平均倾斜角应大于期望倾斜角。当不满足条件时，软件右下角将显示红灯，需要重复上一步"SAAV 下压"，如图 4-16 所示；当满足要求后，右下角显示绿灯，如图 4-17 所示。

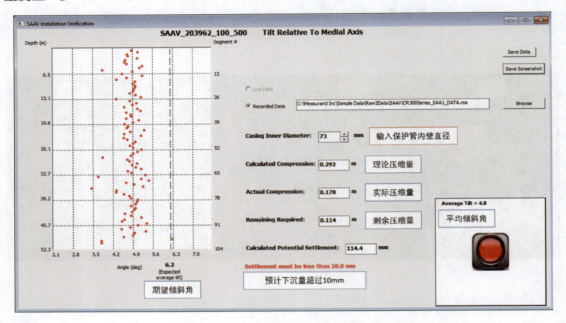

图 4-16　SAAV 满足 Zigzag 条件前

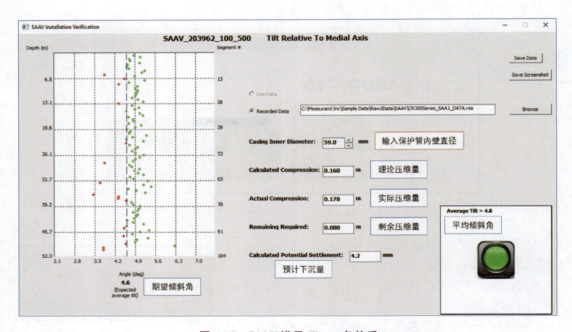

图 4-17　SAAV 满足 Zigzag 条件后

6. 量测修正角

当 X-Mark 标志线与监测坐标系或变形方向不一致时，需要量测修正角，进行软件修正。

将 SAA 专用量角器套入玻璃纤维杆,量角器的 X-Mark 标志线与玻璃纤维杆的 X-Mark 标志线对齐,旋转量角器底盘,将两侧长箭头对准监测坐标系或变形方向,读取记录量角器上 X-Mark 标志线对应的角度值,如图 4-18 所示。

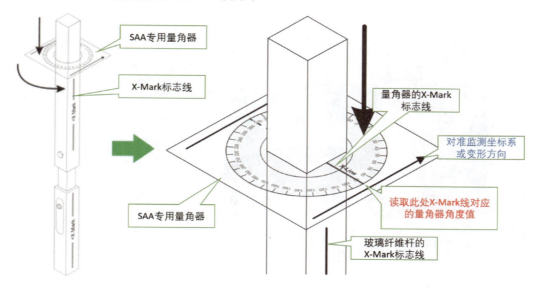

图 4-18　SAA 修正角的量取

7. 固定顶端封口套件

将临时固定胶带去除,旋转防水盒,使压缩板位于玻璃纤维杆正上方,同时确保项圈的四个孔与测斜管内的导槽不重叠。使用螺纹钻头将项圈孔位处的测斜管钻透,然后使用螺杆将防水盒与测斜管进行固定,如图 4-19 所示。

图 4-19　套件与测斜管固定

8. 固定下压装置

为了确保 SAAV 的每个柔性关节与测斜管内部紧密贴合,需要给 SAAV 施加一定压力。

将压缩板短边靠在玻璃纤维杆上,用手施加大约 5 kg 的压力,同时在玻璃纤维杆上划线,如图 4-20 所示。沿着划线位置,将上部玻璃纤维杆锯掉,将压缩板安装好后,拧紧压缩板螺栓,如图 4-21 所示。

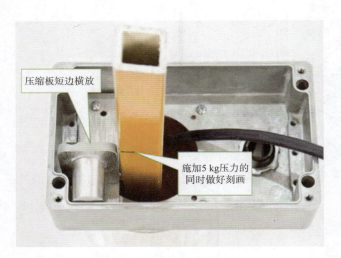

图 4-20　玻璃纤维杆裁剪图

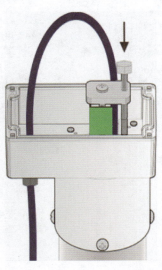

图 4-21　拧紧压缩板螺栓

9. 线缆固定及防水盒封闭

将线缆从葛兰头穿出,在防水盒内富余 15～20 cm,拧紧葛兰头,将防水盒盖四角螺栓固定,如图 4-22 和图 4-23 所示。

图 4-22　线缆穿出

图 4-23　防水盒封闭

至此,SAA 设备安装完成,接下来需要进行采集箱的连接(参照第 5 章)及防雷系统布设(参照本章 4.5 节)。

4.2.2　47～100 mm 内径保护管的安装方法

当现场计划或已经埋设 47～100 mm 内径保护管,推荐采用 Zigzag 安装方法,采用图 4-24 所示的顶端封口套件,使用式(2-1)确定 SAAV 的长度,应小于测斜孔的深度 0.5～1 m。安装顺

序如下:

1. 将 SAA 装入测斜管

参照 4.2.1 操作。

2. 玻璃纤维延长杆的连接

参照 4.2.1 操作。

3. SAAV 下压

参照 4.2.1 操作。

4. 软件检测下压效果

参照 4.2.1 操作。

5. 量测修正角

参照 4.2.1 操作。

图 4-24　47～100 mm 内径保护管的顶端封口套件

6. 固定顶端封口套件

本安装方案的顶端封口套件以保护管为支撑点,首先取下 T 型配件,将其靠在保护管外侧,标记螺栓孔位置后用手钻在保护管上开孔,然后用螺杆将 T 型配件固定在保护管上,如图 4-25 及图 4-26 第 4 步所示。

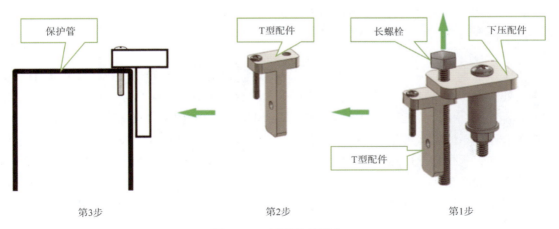

图 4-25　T 型配件的固定

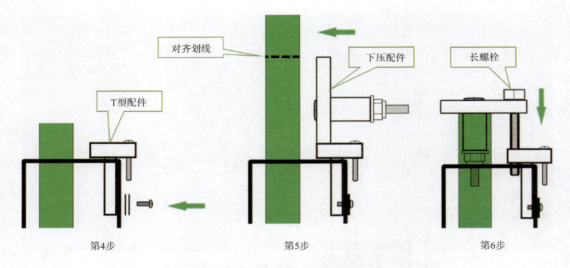

图 4-26　顶端封口套件的下压及固定

7. 固定下压装置

将下压配件竖向立在 T 型配件上,在顶部平齐位置的玻璃纤维杆上划线(参照图 4-26 中第 5 步),锯下刻画线以上的部分。最后将下压配件插入玻璃纤维杆后,用长螺栓下压到底,完成固定,不能使用电动工具进行长螺栓的旋拧。如果保护管内径为 47 mm,需取下下压配件中的垫片,如图 4-27 所示。

顶端下压完成后,用户需根据保护管的尺寸,自行设计加工防水防尘封口装置。

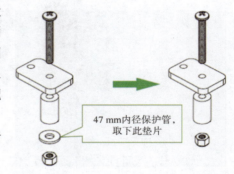

图 4-27　内径 47 mm 保护管的垫片去除

4.2.3　27 mm 内径保护管的安装方法

使用 27 mm 内径保护管时,推荐采用分步安装方式,采用图 4-4(b)所示的顶端封口套件,使用式(2-1)确定 SAAV 的长度,应小于测斜孔的深度 0.5~1 m。安装顺序如下:

1. PVC 保护管的安装

PVC 保护管推荐采用图 4-2 所示的 UPVC 管和相关配件。首先检测并清除 PVC 管内部及接头处的异物,然后将底端 PVC 管采用图 4-2 所示的封帽进行封堵,使用防水补漏胶带进行加固,将一根承载力大于全部 PVC 管自重的细钢丝固定在 PVC 管底端,以防止 PVC 管在下放的过程中不慎滑落测孔中。为了便于取出细钢丝,推进采用图 4-10 所示的方式将图中的牵引绳用细钢丝代替。使用 PVC 胶水和图 4-2 所示接头将 PVC 管逐段连接后沉入测孔内,应确保环境温度和粘结时间符合产品说明书的要求。在接头外侧应包裹一层防水补漏胶带,以加强接头处的抗拉和防水性能。PVC 保护管到达测孔底部后,使用图 4-4(b)最下方的银色专用夹具在孔口完成固定,如图 4-28 所示。

2. 测孔回填

图 4-28　孔口夹具固定 PVC 保护管

本步将完成 PVC 保护管外壁与测孔内壁之间空隙的灌浆回填。为了抵抗水泥浆的浮力，需要在 PVC 保护管内预先放入钢锁链进行配重，钢锁链的尺寸及长度等参数参照 4.1 节的要求，并事先选取一根 4 m 长 PVC 管进行贯通测试。将钢锁链如图 4-29 所示装入 PVC 保护管。测孔回填材料可使用水泥浆或干砂，当使用干砂回填时，应做好孔内的搅拌，以防止干砂遇水固结。

推荐采用水泥浆进行测孔回填，水泥浆固结后的强度应与周围地层尽量一致。土或砂质地层中的水泥浆配合比见表 4-2，基岩或混凝土测孔应进行专项设计。应先将水泥和水充分搅拌后再逐量加入膨胀土，随着膨胀土的逐份加入，应控制好水泥浆的黏稠度，太稀不易固结，太稠不易灌入。水泥浆的回填有如下两种方法：

图 4-29　钢锁链穿入 PVC 保护管

表 4-2　水泥浆配合比

材　料	重　量	配合比
水泥	43 kg	1
水	285 L	6.6
膨胀土	18 kg	0.4

（1）一次性灌浆

推荐采用此方法，它适用于大直径的钻孔。灌浆导管可以考虑同 PVC 保护管同时下放到测孔中。在灌浆前，应检查 PVC 保护管是否被完全压下。使用水泥浆泵将水泥浆泵入导管，直到水泥浆从钻孔溢出，如图 4-30 所示。最后将灌浆导管从钻孔中取出，也可留存在测孔内。水泥浆泵入后，可能会将 PVC 保护管浮起，这时可适当在顶部施加压力。灌浆导管的直径应综合考虑钻孔直径、泵机压等参数选取。

（2）分段灌浆

对于长度超过 60 m 的 SAA，PVC 保护管受到的上浮力可能非常大，钢锁链的自重无法抵消浮力，在这种情况下就需要进行分段灌浆。分阶段灌浆时，将 PVC 保护管与灌浆导管一起插入钻孔中，分两到三个阶段对钻孔进行灌浆回填。在进行下一阶段之前，应保证水泥浆凝固超过 24 h。

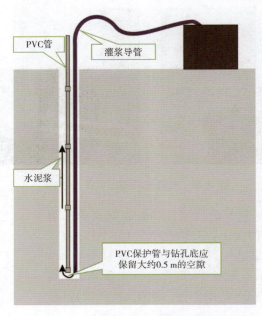

图 4-30　导管一次性灌浆回填

3. SAAV 的穿入

待灌浆后 24 h,将钢锁链从 PVC 保护管中取出。将 SAAV 木卷筒安放在卷筒架上,以 PVC 保护管为圆心,1～1.5 m 为半径,顺时针扳动卷筒架,直到 X-Mark 标志线与变形方向对齐。固定卷筒架后,参照图 4-9 将 SAAV 沉入 PVC 保护管中。

4. SAAV 下压

把持 PEX 管,将 SAAV 抬起 0.5～1 m 后让其自由落体,参照图 4-13,重复 5～7 次,直至 PEX 孔口划线不再下沉,如图 4-31 所示。

5. 软件检核下压效果

使用 SAARecorder 软件检核下压效果,具体软件操作参照 4.2.1 中的"软件检测下压效果",直至"绿灯"亮起。

6. 量测修正角

具体方法参照 4.2.1 中的"量测修正角"。

7. 固定顶端封口套件

(1)零件组装

顶端封口套件如图 4-4(b)所示,用户可自行在建材市场采购组装,具体清单详见附录 C。

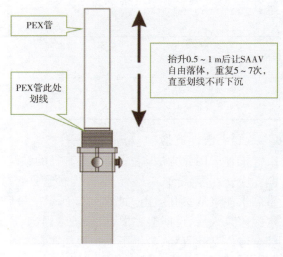

图 4-31　SAAV 下沉

(2)下压固定

在 PEX 管上施加不大于 20 kg 的下压力,使用螺栓顶住 PEX 管,如图 4-32 所示。

图 4-32　下压固定

（3）完成封口套件

将顶部富余的 PEX 锯除，完成线缆出线封口，如图 4-33、图 4-34 所示。对处于振动及爆破施工的区域，需要确保 PEX 锚固螺栓不产生松动。

图 4-33　多余 PEX 管锯除　　　　　　图 4-34　线缆出线封口后

4.3　横向工作模式的安装方法

在横向工作模式下，阵列式位移计主要应用于路基、坝体心墙、坝体面板及轨道等沉降监测项目，所有型号均可使用，下面介绍安装方法。

1. 铺设沟的准备

为了保护 SAA 及保护管不受周边砾石的破坏，缓解上部荷载的压力，需将 SAA 穿入保护管后埋入专门挖掘的铺设沟，并采用细砂进行回填。铺设沟的尺寸推荐为 0.3 m（宽）× 0.3 m（高），沟内铺设土工布保护，垫底细砂的深度不低于 0.15 m，如图 4-35 所示。

2. 保护管的铺设

通常情况下，推荐采用外径 60 mm、壁厚 4.1 mm 的 PVC 管。如果 SAA 埋深超过 40 m，

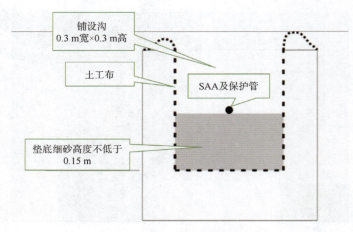

图 4-35　水平埋设断面图

或者地面活载超过铁路行业的中-活载时,应根据式(4-1)选择适合的保护管,限差标准为压缩后内径大于 25 mm,最大压缩比小于 6%。将 PVC 管平铺在铺设沟中,使用一根牵引绳从所有 PVC 管中穿过,使用 PVC 胶水、直通接头及防水胶带将 PVC 连接为整体,如图 4-36 所示。

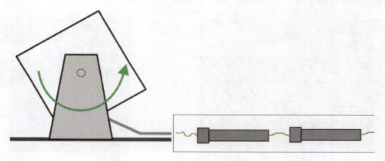

图 4-36　保护管的铺设及连接

3. SAA 的安装

将 SAA 的远端节段从木卷盘的底部拆下,使用牵引绳拉入保护管内,如图 4-37 所示。

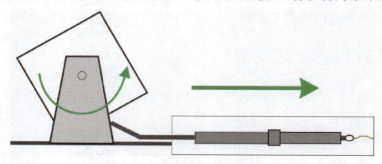

图 4-37　SAA 穿入保护管

4. 基准点的固定及封闭

横向工作模式下,SAA 的任意柔性关节均可作为基准点。通常情况下,基准点会被选择在远端(Far 牵引环端)或近端(Near 出线端),内业软件也支持同时将两端作为基准点。基准点位置确定后，需要加工专用连接件进行基准固定，图 4-38 是近端基准点连接件的参考图。当采用远端作为基准点时，出线端可使用 PVC 套件进行封闭，如图 4-39 所示。

图 4-38　近端基准点连接件参考图

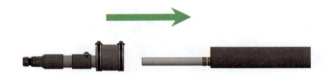

图 4-39　近端封闭套件参考图

5. 铺设沟的回填

将基准点固定及 PVC 管封闭后，采用细砂对铺设沟进行回填，回填深度应大于 0.15 m。土工布两侧重叠 0.15 m 后包裹，如图 4-40 所示。

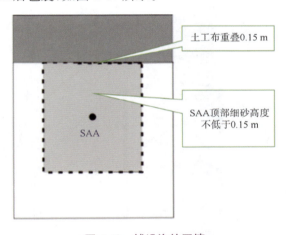

图 4-40　铺设沟的回填

4.4　收敛工作模式的安装方法

在收敛工作模式下，阵列式位移计可被用于隧道断面的收敛监测。对于不同节段长度的 SAAV，适用的隧道断面半径也不相同。单个节段长度为 500 mm，适用于半径大于 3 m 的隧道圆弧；单个节段长度为 250 mm，适用于半径大于 1 m 的隧道圆弧。如果将 SAAV 用于收敛工作模式，出厂时 SAAV 外表就已预先套好 PVC 保护管，现场只需要将 SAAV 用骑马箍按照约 500 mm 或 250 mm 的间距固定在隧道侧壁即可。骑马箍的尺寸规格为 M25（内径 25 mm）和 M20（内径 20 mm），M25 需要准备 2 个，用于首末端的固定；M20 的个数与 SAAV 节段数相同。骑马箍的固定位置为临近柔性关节约 5 cm 处。每个骑马箍需要使用 2 个规格为 M6 膨胀螺栓固定。收敛工作模式安装示意如图 4-41 所示。

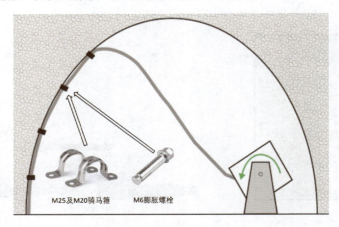

图 4-41　收敛工作模式安装示意图

如果出厂时没有预先外套 PVC 保护管,也可在现场进行保护管的拼接和安装。对于 SAAV 可选用外径 25 mm、壁厚 2 mm 的 UPVC 管;对于 SAAF 可选用外径 32 mm、壁厚 2 mm 的 UPVC 管。骑马箍的内径尺寸与保护管外径需匹配。先将 UPVC 管在现场拼接好后,将 SAA 穿入保护管,然后将 SAA＋UPVC 使用骑马箍一起固定在隧道侧壁,如图 4-42 所示。

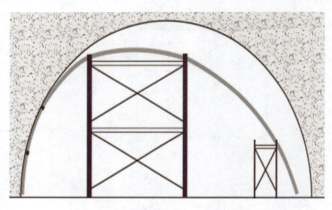

图 4-42　SAA＋UPVC 收敛工作模式安装示意图

请注意,收敛工作模式下使用 Raw2data 进行数据解算时,需要提前准备 site 文件,具体参照 7.1.2 "site 文件"。

4.5　防雷系统方案

为防止雷电等对 SAA 的破坏,应进行防雷系统设计。SAASPD 为原厂推荐的防雷模块,如图 4-43 所示。

首先,在 SAA 安装位置的 100 m 范围外,应最少设置 2 套避雷针,如图 4-44 所示;然后,在 SAA 安装位置,针对不同的通信模式,原厂推荐了以下防雷系统设计方案:

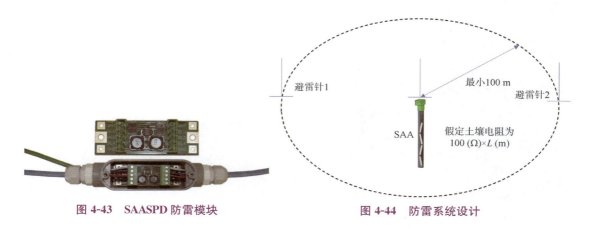

图 4-43　SAASPD 防雷模块　　　　　图 4-44　防雷系统设计

1. 采集箱与 SAA 同地

当采集箱及太阳能板临近 SAA 时,推荐按图 4-45 布设防雷系统。

2. 采集箱与 SAA 不同地

当采集箱及太阳能板未与 SAA 安装在一起时,推荐按图 4-46 布设防雷系统。

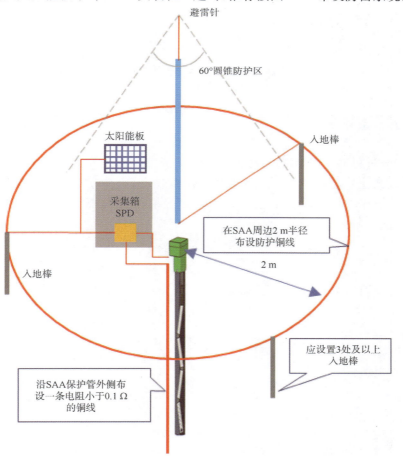

图 4-45　采集箱与 SAA 同地防雷方案

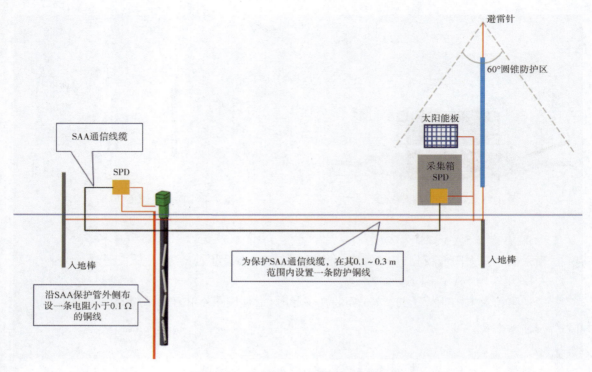

图 4-46 采集箱与 SAA 不同地防雷方案

4.6 安装日志填写

为了将安装过程进行记录归档,便于后续分析,应填写设备安装日志,格式参照附录 D。

至此,阵列式位移计在竖向、横向及收敛工作模式下的安装方法介绍完毕,以上列举的方法较为通用,适合于大多数现场情况。如果现场情况特殊,就需要结合设备特点及现场情况进行个性化方案的编制。

第 5 章　阵列式位移计的数据采集和解算

阵列式位移计的原始数据是一系列无单位的数字,先是通过第 3 章式(3-4)、式(3-5)转换成加速度数据,再通过式(3-6)、式(3-7)转换为倾角数据,最后通过式(3-8)、式(3-9)、式(3-10)解算成三维坐标成果。不管是原始数据的采集,还是坐标数据的解算,都可以采用人工和自动两种方式,但每种方式使用的软硬件均不尽相同,本章将进行详细说明。

5.1　数据人工采集

原始数据的人工采集是进行阵列式位移计操作的最基本技能,所使用的 SAARecorder 软件也是 SAASuite 软件包中功能最强大的一款软件,本节将对该软件的使用进行详细介绍。

5.1.1　软硬件准备

人工采集需要准备的软硬件包括:

(1)SAASuite 软件

该软件实际为一款导航软件,主界面如图 5-1 所示。各个菜单和图标对应相应的独立软件,人工采集需要点击最左侧的"Manual Data Collection"图标,启动 SAARecorder 软件,该软件的详细使用说明详见 5.1.3。

图 5-1　SAASuite 主界面

(2)RS485 转 RS232 模块

SAA 使用铠装型双绞屏蔽电缆,采用两线制 RS485 总线结构,需要配备 RS485 转 RS232 模块进行信号转换。SAA 原厂模块参见第 2 章图 2-1,原厂 SAA232 模块具备电源稳压和防浪涌雷击功能,可以为 SAA 提供 13.5 V 持续稳定的电源动力。在确保供电电压稳定的情况下,也可使用光耦隔离型 RS485 转 RS232 模块。

(3)RS232 转 USB 模块

目前的笔记本电脑通常不再配备 RS232 接口，因此需要购置 RS232 转 USB 模块，SAA 原厂 SAA232-PC 线缆参见图 5-2。如果考虑简化硬件组成，在不使用 SAA232 模块时，建议直接使用工业级光电隔离防雷型 USB 转 RS485 转换器，相关产品参见图 5-3。

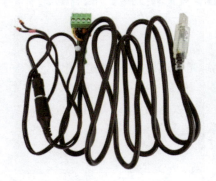

图 5-2　SAA232-PC 线缆

图 5-3　光电隔离 USB 转 RS485 转换器

（4）供电模块

供电模块既可使用 12 V 蓄电池，也可使用 12 V 电源转换器。当 SAA 长度超过 100 m 时，建议将供电电压提升至 13.5 V。

5.1.2　硬件接线

SAA 采用如图 5-4 所示的 5 孔接头，当使用 SAA232 模块时，如图 5-5 所示：左侧接头连接 RS232 转 USB 模块，接线方法如图 5-6 所示；右侧接头连接 SAA 设备，四色线缆的接线方法如图 5-7 所示。

图 5-4　SAA 接头

图 5-5　SAA232 连接方法

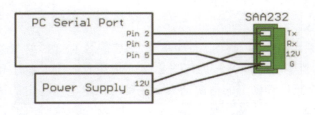

图 5-6　SAA232 接 RS232 转 USB 模块

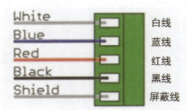

图 5-7　SAA232 接 SAA 设备

当使用图 5-3 所示的光电隔离 USB 转 RS485 转换器时，SAA 线缆的白线接 485A，蓝线接 485B，红线接电源正极，黑线接电源负极。

5.1.3 软件操作

完成设备硬件连接后，接通电源，打开 SAASuite 软件，点击"Manual Data Collection"图标，启动 SAARecorder 软件，点击 Connect SAA，如图 5-8 所示。

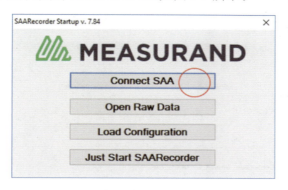

图 5-8　SAARecorder 连接 SAA 窗口

在新弹出的窗口，先检查 Serial Port 是否正确，然后选择连接 SAA 的转换器类型，对于本章 5.1.2 中的两种型号转换模块，均可选择图 5-9 中"SAA232"选项。如果接线及供电正确，橙色区域会显示检测到的 SAA 设备 SN 号，点击"Next"进入下一步。

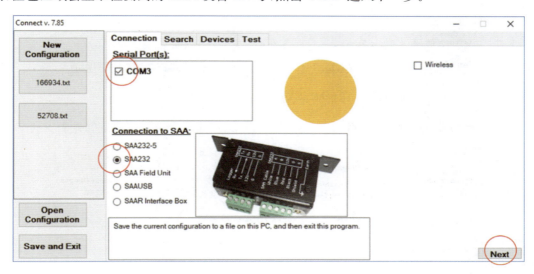

图 5-9　SAARecorder 连接配置窗口

接下来的图 5-10 界面可以 Stop Search 后跳过。

如果软件无法自动检测到 SAA 设备，可以通过图 5-11 窗口中的"Add Device"手工添加 SN 号。

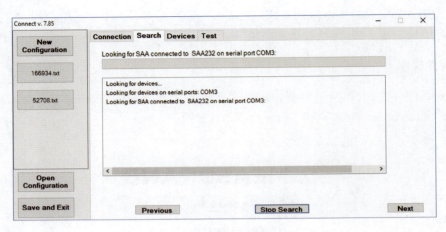

图 5-10　SAA 搜索窗口

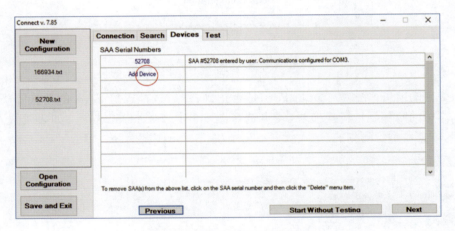

图 5-11　SAA 手工添加 SN 窗口

连接配置的最后一个窗口,点击图 5-12 中"Save and Continue",保存连接配置文件。

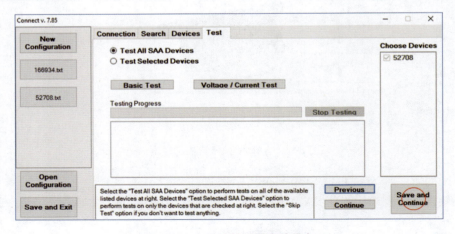

图 5-12　SAA 连接配置文件保存

下面将弹出图 5-13 所示的设备标定文件检查窗口。

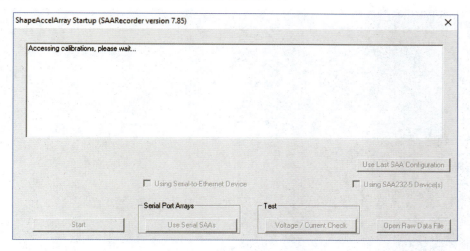

图 5-13　设备标定文件检查窗口

在弹出的如图 5-14 所示窗口，具体操作如下：

①基准点设置：当采用牵引环端为基准点时，选择"Reference to Far(Tip) End"；当采用出线端为基准点时，选择"Reference to Near(Cable) End"。

②采样率选择：当用于变形监测时，Averaging 为 1 000；当用于振动监测时，Averaging 为 1。

③AIA 模式：当用于变形监测时，此处为√；当用于振动监测时，此处空白。

④工作模式设置：点击后弹出工作模式选择窗口，竖向工作模式选择"3-D Mode"，横向工作模式选择"2-D Mode"，收敛工作模式在横向工作模式的基础上，勾选后面的"Mixed H/V"，如图 5-15 所示。

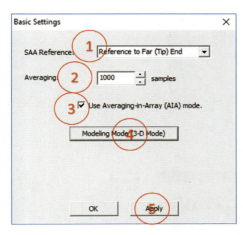

图 5-14　基准及采样率配置

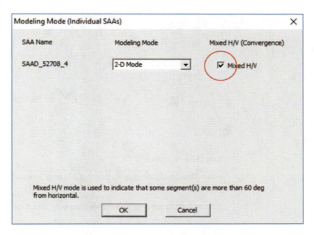

图 5-15　收敛模式配置界面

点击"Apply"后进入 SAARecorder 软件的主界面，如图 5-16 所示。

主界面下，敲击键盘的空格键，弹出数据采集窗口，如图 5-17 所示。当界面右上角

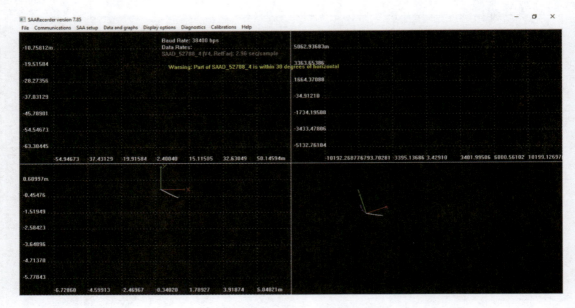

图 5-16　SAARecorder 软件主界面

"Sample♯:"为 10 时,点击方块停止采集,弹出窗口如图 5-18 所示,点击"Browse"选择文件保存路径,并给 .rsa 文件命名,建议以序列号_采集时间为文件名,每条 SAA 保存在各自的文件夹中。

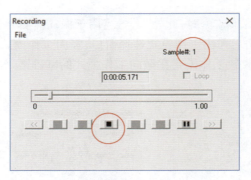

图 5-17　原始数据采集窗口

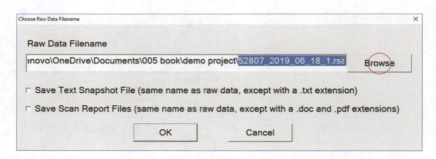

图 5-18　原始数据保存窗口

至此，rsa 格式的原始文件保存完毕，建议加强原始数据的备份，避免文件丢失及损坏。

5.2 数据人工解算

5.2.1 无磁力计

使用 SAARecorder 软件采集得到的 *.rsa 文件为厂商自定义格式文件，可以使用文本编辑器打开，前部分为检校标定文件，后部分为二进制数据文件。人工解算同样需要使用 SAARecorder 软件，启动软件后，点击图 5-8 中最下一项"Just Start SAARecorder"，依次关闭图 5-19 所示的两个提示框，进入软件主界面。

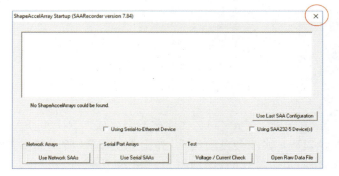 

图 5-19　设备连接窗口

在主界面中，依次点击"File—Export raw data to SAAView"，在弹出的对话框中点击"Add"，选择需解算的所有 rsa 文件，如图 5-20 所示。这里应特别注意，所选取的 rsa 文件必须为同一 SAA，不同序列号的 SAA 数据放在一起解算会提示错误，并终止转换。

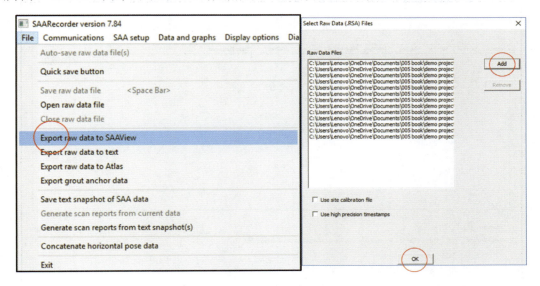

图 5-20　rsa 文件选择窗口

文件选择后,点击"OK"继续,会弹出如图 5-21 所示的采样率设定窗口,通常选择左侧"File Averages"后继续。

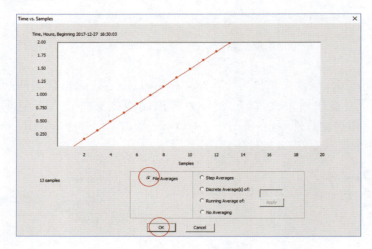

图 5-21　采样率设定窗口

接下来,软件先完成 rsa 文件到 dat 的转换,在 rsa 同名文件夹下会生成"CR1000_SAA1_DATA.dat"文件。随后,SAACR_Raw2Date 软件会自动启动,弹出如图 5-22 所示的参数设定窗口。图中,第①项为模式设定,当竖向工作模式时,该项打勾;第②项为基准点设定,当以远端(牵引环端)为基准点时,该项打勾;第③项为修正角度设定,当竖向工作模式时,此项可手工填写,默认为 0,需将第 4 章图 4-18 量取的 SAA 修正角填入本框内,单位为度。如果需要自定义输出数据的内容和格式,可点击图 5-22 左下角"Export Settings",具体设置方法参照第 6 章 6.2.2 "dat 成果数据可视化"。

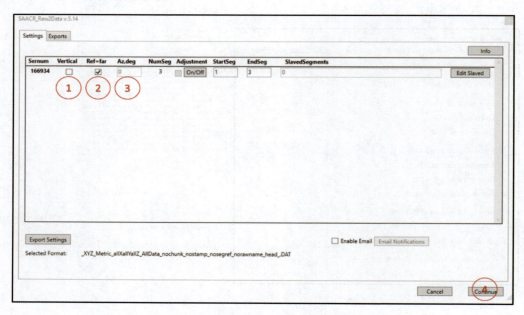

图 5-22　SAACR_Raw2Date 参数设定窗口(无磁力计)

其他选项默认即可，点击图 5-22 右下角"Continue"继续。当在竖向工作模式时，会弹出如图 5-23 所示的提示框，提示自动开启"零偏修正"功能，点击"OK"后进行数据解算，结束后弹出如图 5-24 所示的提示框。

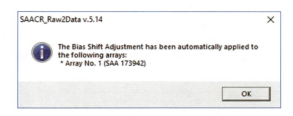

图 5-23　零偏修正提示窗口

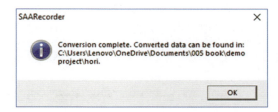

图 5-24　转换结束提示窗口

至此，rsa 数据的人工解算全部完成，在 rsa 文件夹下会新生成多个文件及文件夹，如图 5-25 所示。第①文件夹内为坐标成果，打开后如图 5-26 所示，包括 .txt 和 .dat 共两个文件，用文本编辑器打开 dat 文件，在默认配置时，第 1 列为采集时间，第 2 列为顺序编号，第 $3 \sim i$ 列为从基准点开始各柔性关节中心点的 X 坐标，第 $i+1 \sim j$ 列为从基准点开始各柔性关节中心点的 Y 坐标，第 $j+1 \sim k$ 列为从基准点开始各柔性关节中心点的 Z 坐标；第②文件夹内为磁力计解算数据；第③～⑦项文件为 MATLAB 格式文件；第⑧项为参数配置文件，后续的自动解算会调用其中的配置参数；第⑨项为转换日志文件。

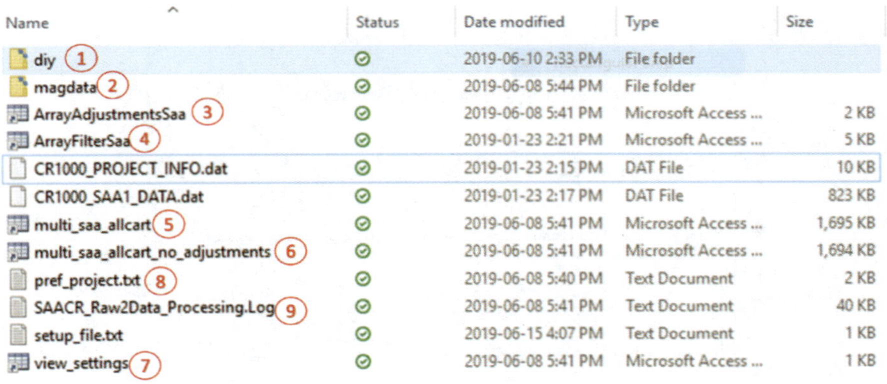

图 5-25　SAA 转换后文件

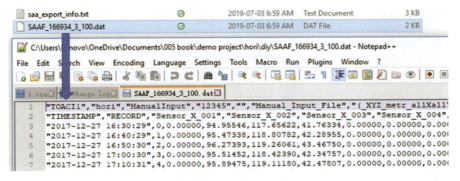

图 5-26　DIY 文件夹及 dat 坐标成果文件

5.2.2 有磁力计

当 SAA 内部装有磁力计时，SAACR_Raw2Date 软件参数设定窗口如图 5-27 所示，右下角会出现"Magnetometer"按键。在对原始数据进行首次转换时，会弹出如图 5-28 所示的提示框，点击"OK"后，进入磁力计配置界面，如图 5-29 所示。

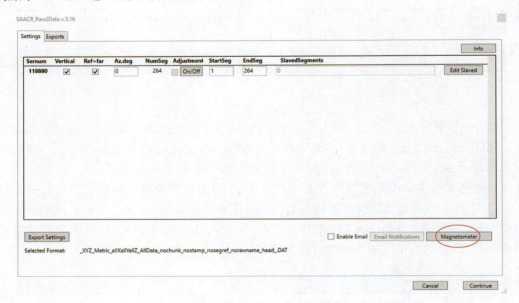

图 5-27 SAACR_Raw2Date 软件参数设定窗口（有磁力计）

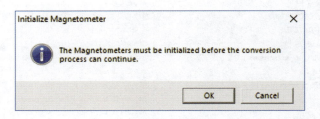

图 5-28 磁力计初始化提示框

图 5-29 界面中，上部图为各磁力计的方位角随时间变化曲线，下部图为各磁力计的磁场强度随时间变化曲线。首先检查下部图，SAA 出厂时将工厂所在地（Fredericton，NB，Canada）的磁场强度（Local Magnetic Strength）设定为 1，通过图 5-30 可查到工厂所在地的 Total Intensity 约为 53 000 nT，SAA 当前安装地点的 Total Intensity 与 53 000 nT 的比值就是当地磁场强度值，根据国内项目经验，如果该比值与标识值的较差超过 1 倍，说明此磁力计很可能已受到磁性或铁质物质的干扰，应将其关闭，可通过界面顶部的"Enabled Mags"进行操作。然后检查上部图，正常情况下的磁力计方位角应该在 1°范围内波动，并与其他磁力计方位角较差小于 5°，如果超出此范围，说明 SAA 整体存在扭转或受到振动干扰等。在确认磁力计工作正常后，将鼠标箭头移到界面左上角，如图 5-29 所示橙色圆圈的位置后单击鼠标左键，随即会在图形左上角（即红色椭圆圈）处出现时间标识，表示从此刻起应用磁力计数据。配置

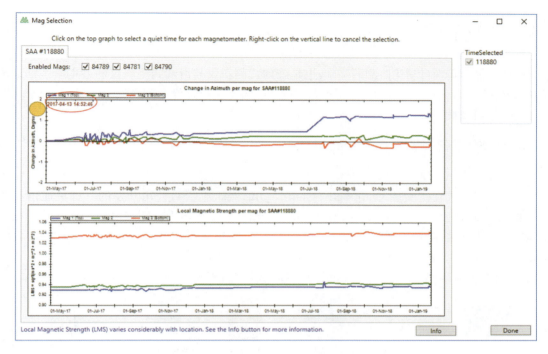

图 5-29　磁力计配置界面

完成后,点击"Done",会弹出一个提示框,提示 SAACR_Raw2Date 软件将重新启动并将磁力计修正数据应用到解算成果中。转换结束后,成果文件的说明可参照图 5-25 对应地表述。

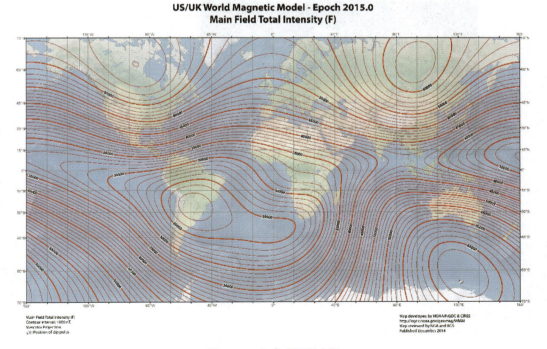

图 5-30　全球磁场强度图

5.3 数据自动采集

自动采集是实现自动化监测的基础,也是阵列式测斜仪与滑动式测斜仪的最本质区别。本节将介绍基于 Campbell Scientific 数据采集器的数据自动采集配置方法,基于 SAARecorder 软件的自动采集可查阅 5.6.3。

5.3.1 软硬件准备

1. LoggerNet 软件

LoggerNet 软件是美国 Campbell Scientific Inc.(简称 CSI)公司开发的一种集通信和数据采集于一体的应用软件,可以运行在 Windows 和 Linux 环境下。用户可通过该软件进行配置,建立 PC 机和数据采集器的连接,发送采集程序,收集数据,观察实时数据,以及进行数据分析等。下面以 LoggerNet 4.5 英文版为例介绍安装步骤。

(1)打开 LoggerNet4.0 下的 AutoRun.exe 文件,如图 5-31 所示。

图 5-31　LoggerNet 软件安装

(2)执行图 5-32 界面中"Install the Software"。

(a) LoggerNet软件安装界面　　　　　(b) LoggerNetV4.5升级包

图 5-32　**LoggerNet 软件安装界面和 LoggerNet V4.5 升级包**

(3)输入软件销售商提供的序列号,其余都选择默认安装。

(4)LoggerNet4.0 安装完成后,再执行 V4.5 升级包文件,如图 5-32(b)所示。

2. SAASuite 软件

SAASuite 软件的安装采用默认方式即可,安装后主界面如图 5-1 所示,自动采集配置需要点击主界面的"Configure Logger Program",启动 SAACR_FileGenetator 软件,该软件的详细使用说明详见 5.3.3。

3. CSI 数据采集器

实现原始数据的自动采集,数据采集器是其中最关键的部件。美国 CSI 公司的数据采集器是国际上应用最广泛的采集器之一,该公司的数据采集系统是世界上主流岩土厂家 MCU 的核心组件,应用于美国基康、英国 soil、加拿大 Roctest 的自动数据采集系统中,国内南水北调等一批国家重点项目均采用了 CSI 的数据采集系统。数据采集器可以适应野外各种恶劣的工作环境,具有足够高的抗干扰性能,能长期稳定的运行,年数据采集缺失率小于 0.5%,在实时性、可靠性、可扩展性、稳定性、精确性、可维护性、利用率及系统安全性等方面较之 PC 有着明显的优势。SCI 公司的 CR300、CR800、CR1000、CR3000 及 CR6 等型号数采设备均可用于 SAA 的自动采集。每台数采可以同时连接多条 SAA 设备,当 SAA 布设较为分散时,推荐每条 SAA 配备 1 台 CR300。当 SAA 布设较为集中时,可根据表 5-1 进行选择。美国 CSI 数采主要技术参数见表 5-2。

(a) CR300　　　　　　　　(b) CR850　　　　　　　　(c) CR6

图 5-33　美国 CSI 数据采集器

表 5-1　不同型号数采最大连接 SAA 条数

序 号	数采型号	最大连接 SAA 条数
1	CR300	5(累计最多 300 个传感器节段)
2	CR800	10(无传感器数据限制)
3	CR1000	20(无传感器数据限制)
4	CR3000	20(无传感器数据限制)
5	CR6	40(无传感器数据限制)

表 5-2　美国 CSI 数采主要技术参数

序 号	项 目	性 能 参 数
1	测量方式	自动监测,同时可满足巡测、选测、比测及加密测量的要求,支持自定义编程测量
2	最大扫描频率	100 Hz
3	内存	标准为 4M 内存,可扩展至 16G
4	人工比对	自动监测数据与同时同条件人工比测数据对比结果满足 $\delta \leqslant 2\sigma$
5	通信方式	光纤、电台通信、DTU、RS232\MD485、无线网桥、以太网等
6	系统特性	现场数据采集单元平均无故障时间 MTBF$\geqslant$35 000 h,平均维修时间 MTTR$\leqslant$0.5 h,缺失率 $W \leqslant 0.5\%$,误码率 $\leqslant 10^{-4}$
7	供电	9~16 VDC,可采用交、直流两种供电方式;当外部电源消失时,后备电源能自动启动;可选太阳能电池、PS100 充电控制器
8	工作环境	−25 ℃~50 ℃,可选 −55 ℃~85 ℃,湿度$\leqslant$95%
9	防雷	所有单元均具备多级防雷击及强电感应荷载冲击能力,系统防雷感应不小于 1 500 W

4. RS485 转 RS232 模块

本模块的选择可参照 5.1.1。为了确保系统的稳定,推荐采用原厂模块,可参见第 2 章图 2-1,本案例采用原厂 SAA232 模块。

5. 数据通信模块

美国 CSI 数据采集器支持多种有线及无线数据通信模块,无线通信推荐采用 DTU 模块,有线通信推荐采用 RS232 转光纤模块,本案例采用北京北科驿唐科技有限公司的 MD-309G 通用 GPRS DTU 模块。

6. 采集箱及太阳能供电设备等配件

供电模块参照本章 5.1.1 中"供电模块",太阳能板及控制器应与蓄电池配套,36 Ah 蓄电池推荐采用 20 W 太阳能板,98 Ah 蓄电池推荐采用 50 W 太阳能板。采集箱应防水防尘,并有效接地,尺寸为 500 mm×400 mm×200 mm。野外应配备避雷针。

5.3.2 硬件接线

以 CR300 数采配置单条 SAA 为例,连接示意如图 5-34 所示。特别应注意,数采与 DTU 模块连接需要准备一条公对公 2、3 针脚交叉 9 针 RS232 串口线。

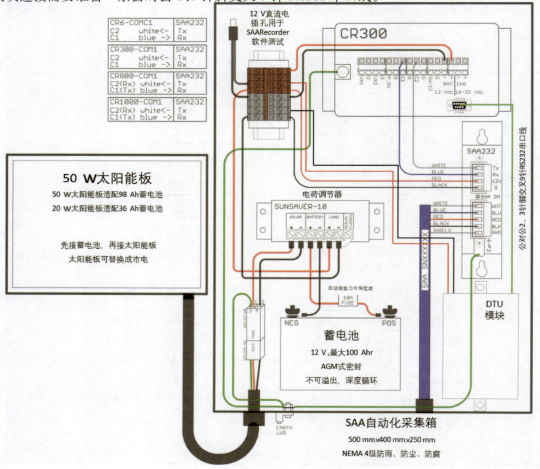

图 5-34 SAA 自动化采集箱(CR300)接线示意图

5.3.3 软件配置

1. 数据采集器程序文件的生成

在 SAASuite 主界面,点击"Configure Logger Program",启动 SAACR_FileGenerator 软件,程序界面如图 5-35 所示。各栏具体操作如下:

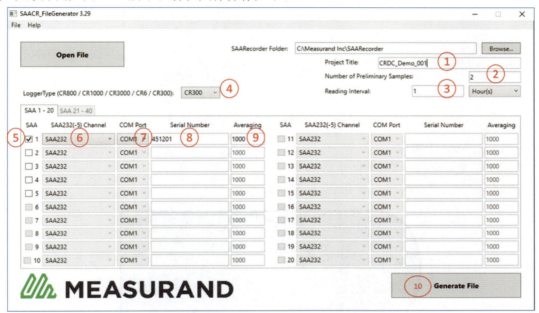

图 5-35　SAACR_FileGenerator 软件配置主界面

第①项:填入项目名称。

第②项:供电后数据采集次数,默认值为 5,可根据需求自身修改,建议修改为 2。

第③项:数据采集间隔时间,单位为 Hour(s)或 Minute(s),由于每次采集时长与节段数量成正比,建议本项时间设置大于 5 min。

第④项:选择数据采集器型号。

第⑤项:根据同一采集器上连接 SAA 的数量进行勾选。

第⑥项:如果采用 SAA232 模块连接 SAA,此处选择"SAA232";如果采用 SAA232-5 模块连接多条 SAA,此处要对应模块串口编号在 SAA232-1 至 SAA232-5 中进行选择。

第⑦项:选择连接数据采集器的串口编号。CR300 只用 COM1 一个串口;CR800 有 COM1 和 COM2 两个串口;CR1000 和 CR3000 有 COM1 至 COM4 共四个串口;CR6 有八个串口。

第⑧项:SAA 序列号,可在包装箱或线缆端进行查看。此处应注意,SAA 序列号应与第⑥项的串口号进行对应。如果本机电脑没有该序列号 SAA 的检校文件(.cal)文件,此处会弹出错误提示窗口,如图 5-36 所示,需要使用 SAASuite 下载该序列号检校文件。

第⑨项:每次数据采集次数。为了提高数据精度,SAA 通过连续大量数据取平均值的方式进行数据采集。此处默认值 1 000,代表取 1 000 个数据的平均值作为本期数据。

第⑩项:前面各项设置完成,核查无误后,点击该按键,此时会弹出路径及文件名命名窗口,输入项目文件名后点击保存,会生成一个 *.cr300(cr800、cr1、cr3 或 cr6)文件。

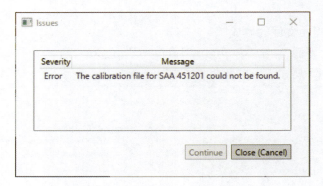

图 5-36　没有检校文件的错误提示窗口

2. 数据采集器的配置

(1)打开 LoggerNet V4.5 软件。
(2)点击"Main"中的"Setup"图标,如图 5-37 所示。

图 5-37　LoggerNet 主界面

(3)在弹出的窗口中,点击左上角的"Add"按键,如图 5-38 所示。

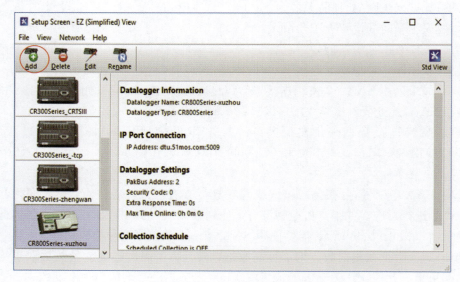

图 5-38　采集器配置界面

(4)在弹出的设置向导窗口,如图 5-39 所示,点击"Next"。

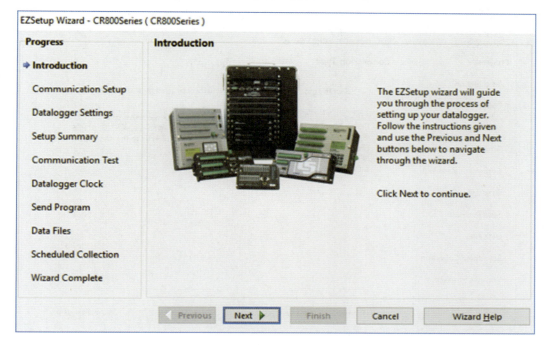

图 5-39　设置向导窗口(简介)

(5)选择采集器类别,CR300 选择"CR300Series",CR800 选择"CR800Series"。在"Datalogger Name"中输入本采集器名称,不能与其他采集器重名,如图 5-40 所示。

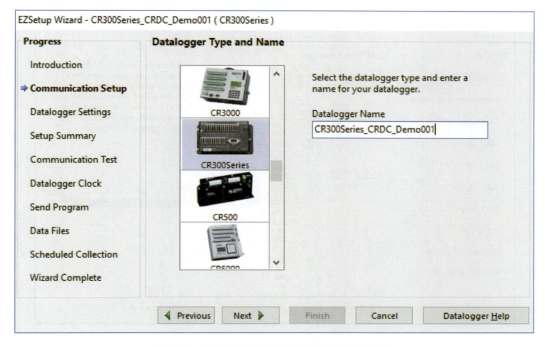

图 5-40　配置向导窗口(选择数采型号及命名)

(6)当数采与电脑使用数据线连接时,"Connection Type"选择"Direct Connect";当数采与 DTU 直接连接时,选择"IP Port",如图 5-41 所示。

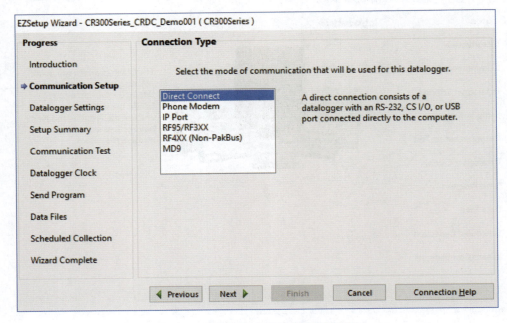

图 5-41　配置向导窗口(选择连接类型)

(7)CR800 可直接在"COM Port"中选择对应端口;CR300 和 CR6 需要先点击"Install USB Driver",在弹出的窗口中选择"CR300(CR6)Series",如图 5-42 所示。使用 DTU 时,需要在弹出的窗口中输入 IP 地址及端口号,例如"dtu.51mos.com:8001",如图 5-43 所示。

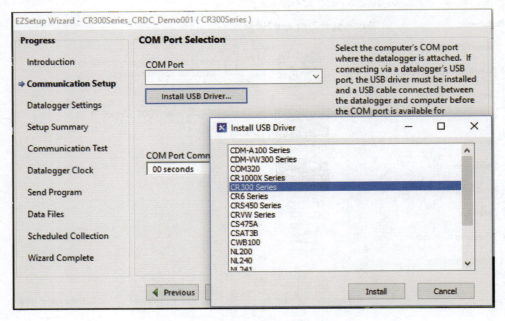

图 5-42　配置向导窗口(选择端口号)

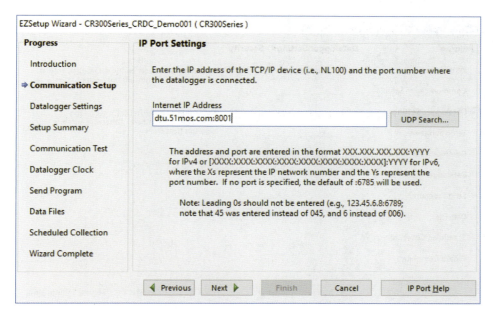

图 5-43　配置向导窗口（输入 IP 地址及端口）

（8）下面进入数采网络地址配置界面，其中"PakBus Address"用来区分同一 PakBus 网络中的不同数采设备，此处保持默认"1"，点击"Next"后如果弹出如图 5-44 所示的 Warning 提示，点击"Yes"即可。

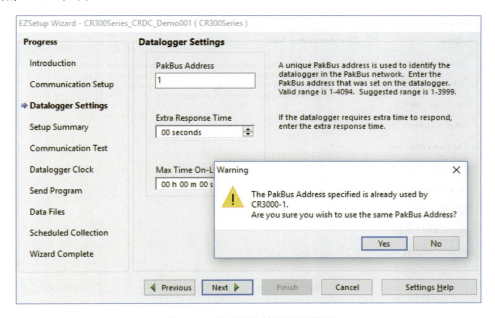

图 5-44　数采网络地址配置界面

（9）接下来的界面用来配置数采的密码，如果数采连接到互联网，建议在"Security Code"中设置一个 1～65 535 的数字密码，默认"0"代表不设置，如图 5-45 所示。

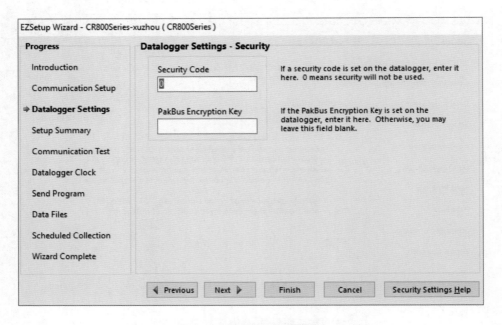

图 5-45　数采密码配置界面

（10）下面进入配置信息阶段汇总界面，检查无误后，点击"Next"。
（11）本步提示是否进行连接测试，选择"Yes"后点击"Next"，如图 5-46 所示。

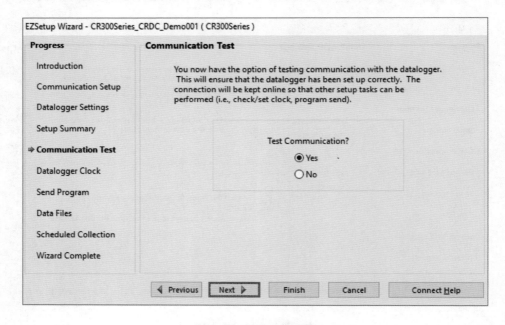

图 5-46　数采连接测试

（12）连接测试成功后进行时钟设置，点击图 5-47 中的"Set Datalogger Clock"。

第5章 阵列式位移计的数据采集和解算 | 79

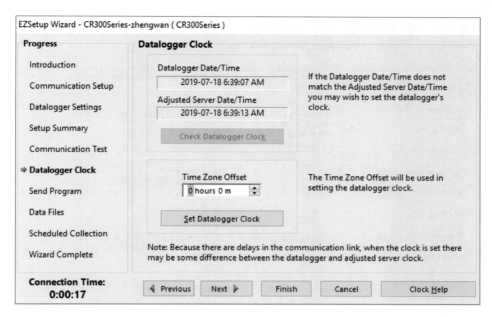

图 5-47　时钟设置界面

(13)接下来进入数采程序文件的上传界面,单击"Select and Send Program",在弹出的窗口中选择上一节生成的*.cr*文件,如图 5-48 所示。

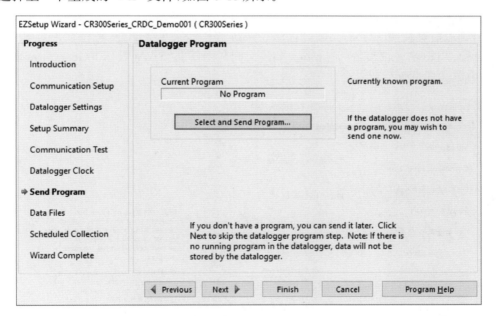

图 5-48　数采程序文件上传

(14)本步进行数据表输出文件的配置,如图 5-49 所示,"Tables"中的 5 个绿勾文件为默认输出,文件保存在 LoggerNet 安装路径,文件名前缀为图 5-40 输入的数采名称,建议本项保持默认。

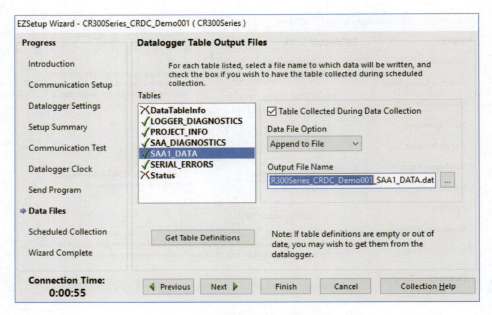

图 5-49　数据表输出文件的配置

（15）本步进行数据自动采集配置，如图 5-50 所示，先勾选"Scheduled Collection Enabled"，然后设置自动采集的起始时间，前面的年月日如果是过去，系统会在设置保存后立即生效。"Time"为开始时间，"Collection Interval"为间隔时间，如果 Time 设置为 12:05，间隔时间设置为 1 h，则以后会按照 12:05，1:05，2:05，……进行自动采集。此处，考虑数采对 SAA 数据的采集时长，"Time"建议设置为 5 min。间隔时间与图 5-35"SAACR_FileGenerator 软件配置主界面"中第③项设置一致。

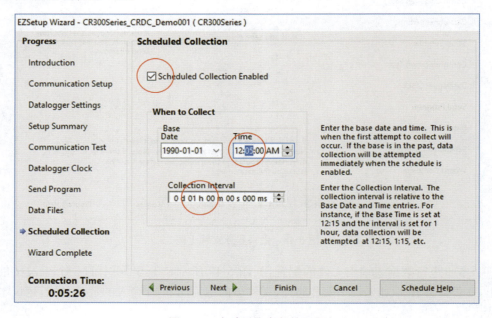

图 5-50　自动采集参数的配置

（16）当首次数据采集失败时，数采会依照本步的设置进行多次采集尝试，具体参数设置可参照图 5-51。

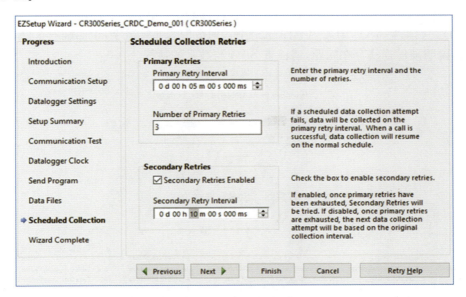

图 5-51　采集重试参数的配置

（17）至此，软件配置全部完成，下面进行整体测试。首先打开图 5-37"LoggerNet 主界面"中"Connect"功能模块，如图 5-52 所示，在左侧的"Stations"中选中刚刚配置好的采集器，单击左上角的"Connect"按键，稍作等待后，"Connect"变为"Disconnect"，左下角开始连续记秒，说明电脑与数采的连接正常。如果无法连接成功，请检查电脑与数采之间的连接。

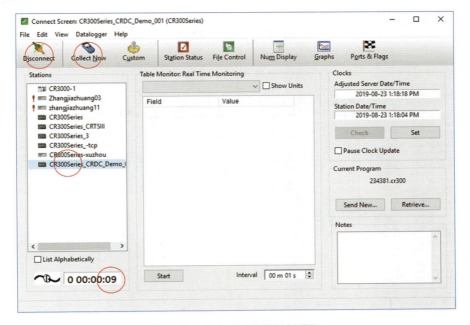

图 5-52　采集的连接及数据获取

(18)点击图 5-52 左上角"Disconnect"右侧的"Collect Now"按键,弹出如图 5-53 所示数据获取进度条,开始将 SAA 原始数据从数采存储器中取回到本地电脑。数据获取结束后,会弹出数据采集结果界面,如图 5-54 所示,双击其中的"SAA1_DATA"文件,弹出原始数据查看界面(图 5-55)。如果"SAA1_ACC_VALUES"中各列数值为非零数字,说明配置正确;如果各列数值为零,说明硬件连线存在问题,请检查 SAA 与数采的接线。

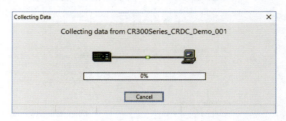

图 5-53 数据获取进度条

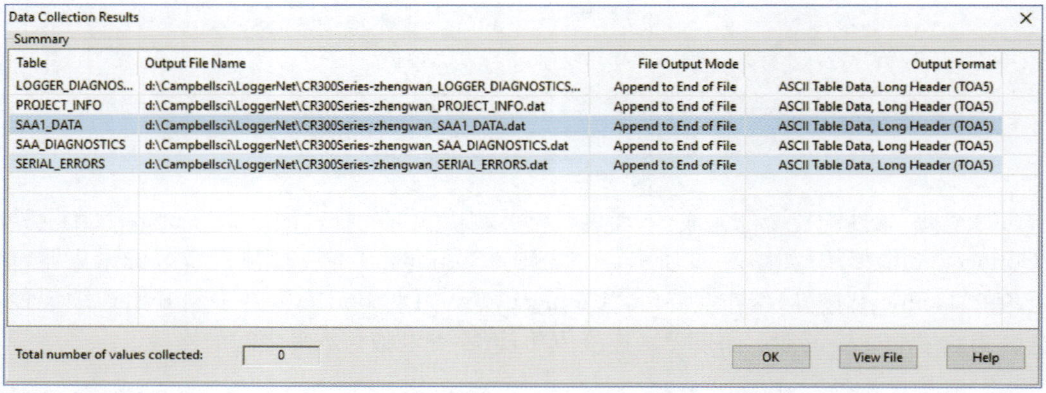

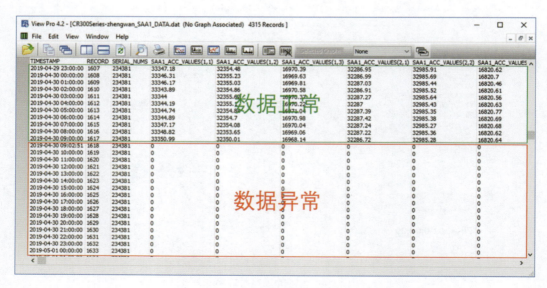

图 5-54 数据采集结果

图 5-55 原始数据查看

至此,自动化采集的软件配置及测试全部完成。

5.4 数据自动解算

SAA 原始数据采集及获取完成后,需要对原始数据进行自动解算,进而得到坐标及变形等成果。数据自动解算分为数据预转换及参数配置两个步骤,下面进行详细介绍。

5.4.1 数据预处理

数据预处理的作用是自动生成自动解算所需的"pref_project.txt"文件。动手能力强的用户也可自行根据"pref_project.txt"文件中的内容定义进行手动编辑,这里推荐采用如下自动生成的方法:

(1)启动 SAASuite 软件,点击图 5-1"SAASuite 主界面"中的第三项"Data Conversion",打开 SAACR_Raw2Data 软件,如图 5-56 所示,点击"Reset"按键,进入文件配置界面。

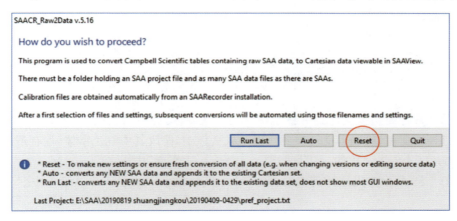

图 5-56 SAACR_Raw2Data 启动界面

(2)在图 5-57"SAACR_Raw2Data 文件配置界面"中,单击右上角"New Project",在弹出的文件框中,选择"数据自动采集"得到的*_SAA1_DATA 文件,点击"OK"后,进入数据转换参数配置界面,具体参数设置请参照图 5-22 或图 5-19 对应的相关说明。

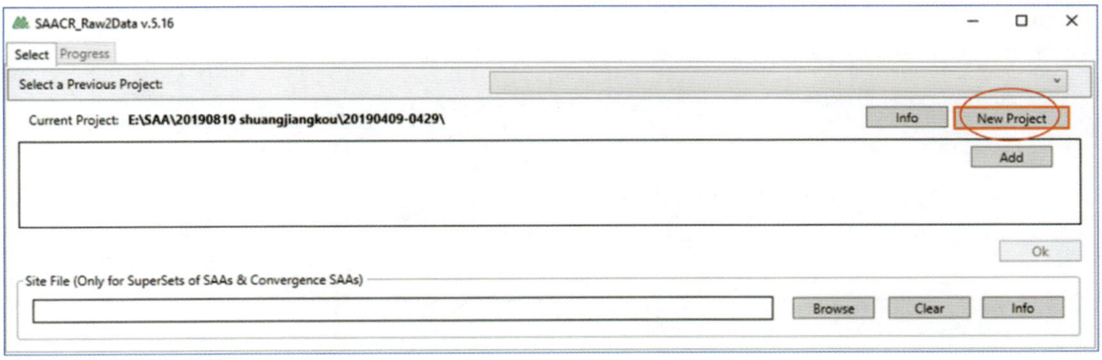

图 5-57 SAACR_Raw2Data 文件配置

(3)本步执行完成后,会在 SAA 原始数据目录自动生成"pref_project.txt"文件。

5.4.2 转换参数配置

由于 LoggerNet 软件 Task Master 程序在启动命令行应用程序时偶尔会出错,因此采用创建批处理文件调用 SAACR_Raw2Data 进行数据自动转换的方式。该批处理文件应包含以下命令:首先将工作目录更改为 c 盘,然后更改为 c:\measurand inc\saa3d 文件夹,最后采用参数方式调用 SAACR_Raw2Data 程序,参数包含项目的 pref_project.txt 文件的完整路径和 stealth 关键字。下面给出文件样例和执行步骤,请注意替换其中红色字体。

1. 文件样例

@echo off
cls
c:
cd "\Measurand Inc\SAA3d"
::此处需给出上一步生成的"pref_project.txt"文件的完整路径。
call SAACR_Raw2Data.exe "D:\Campbellsci\LoggerNet\pref_project.txt" stealth
set taskexitcode=%errorlevel%
echo The exit code from Raw2Data %taskexitcode%

2. 执行步骤

(1)在 SAA 原始数据文件夹中新建一个文本文件,文件后缀名由原 .txt 修改为 .bat,使用记事本打开该文件,将以上文件样例代码录入文件中,修改其中红色字体,保存退出。

(2)启动 LoggerNet 软件,在图 5-37"LoggerNet 主界面"中点击"Task Master",弹出的配置界面如图 5-58 所示。先选择需要配置的项目,然后点击下面的"Add After"按键。

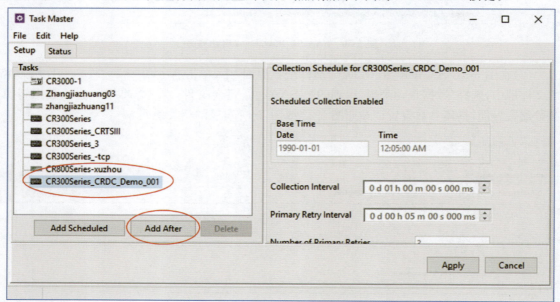

图 5-58 自动解算任务配置界面

(3)如图 5-59 所示,选择项目下的"Task_1"任务,右上角的 Station Event Type 选择其中的"After Any Data Collected"。

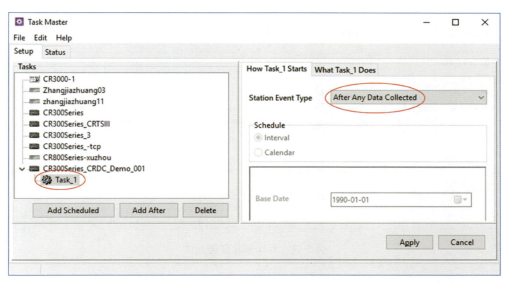

图 5-59　任务执行参数设置

(4)点击右上角进入"What Task_1 Does"标签,如图 5-60 所示,首先将"Execute File"打勾,"File Name:"中选择刚才新建的 bat 文件,"Start In:"输入 SAACR_Raw2Data.exe 文件所在的目录,默认的安装位置为"C:\Measurand Inc\SAA3D",配置好后点击右下角"Apply"。

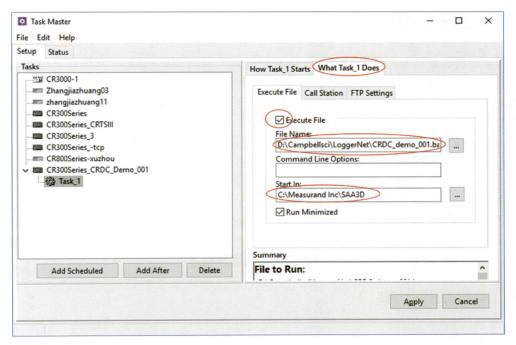

图 5-60　任务文件参数配置

(5)点击左上角"Status"标签,进入自动化解算测试页面,如图 5-61 所示,选择需要测试的任务"Task_1",点击左下角"Run selected Task"按键。由于 bat 文件中的"stealth"参数,此时将不再弹出 SAACR_Raw2Data 软件界面。转换完成后,会在原始文件夹下增加多个成果文件,具体参照图 5-25"SAA 转换后文件"的对应说明。

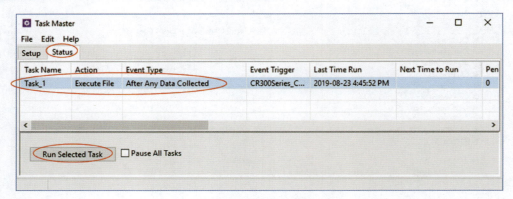

图 5-61　自动解算任务测试

至此,自动解算的配置工作全部完成,与 5.3"数据自动采集"章节配合,就实现了 SAA 原始数据的自动采集、获取及解算。但需要注意的是,LoggerNet 软件必须一直处于打开状态,一旦该软件被关闭,SAA 原始数据将保存在数采的存储器内,当 LoggerNet 软件再次启动后,当到达数据自动获取的时间,电脑将会把数采与电脑中的原始数据进行同步,随后进行自动解算。

5.5　数据人工归档

随着原始数据的不断积累,Raw2Data 软件解算的时间会越来越长,这就需要定期进行原始数据及成果数据的归档。首先在项目文件夹下新建两个子文件夹,分别为"raw data archive"和"archive";然后将原始数据文件(*_SAA♯_DATA.dat)移动到 raw data archive 文件夹中,将 multi_saa_allcart.mat 文件重命名为 multi_saa_allcart_archive.mat 后,移动到 archive 文件夹中,如果数据转换时启用了软件修改,那就只需将 multi_saa_allcart_no_adjustment.mat 移动到 archive 文件夹下,并将文件名修改为 multi_saa_allcart_no_adjustments_archive.mat;最后确认一下项目文件夹下的原始数据文件(*_SAA♯_DATA.dat)、multi_saa_allcart.mat 或 multi_saa_allcart_no_adjustment.mat 已被删除。

完成数据归档后,每次从数采存储器仅取回最新的原始数据,Raw2Data 将原始数据转换后,与归档的 multi_saa_allcart_archive.mat 文件进行融合,形成包含所有转换成果的新 multi_saa_allcart.mat 文件,该方法大幅提高了数据转换速度。

5.6　高级功能说明

5.6.1　振动数据采集

阵列式位移计采用加速度计作为核心传感器,使其既能监测静态倾角变化,又可用于监测周边振动，但静动态监测无法同步开展。为了获取高精度静态倾角数据，特意将加速度传感器的 3 dB 带宽设置为 50 Hz，因此 50 Hz 以上振动频率的数据将会被自动滤除。振动数据的最高采样率为 200 Hz，如果同时使用 4 个传感器，每个采样频率均为 50 Hz。启动振动监测前，应首先关闭 AIA 模式，即将图 5-14 中③前的勾选去除。启动"Data and graphs—get vibration data"，弹出如图 5-62 所示窗口。该模式可采集时域和频域数据，通过窗口上部进行配置，窗口下部用来选择监测的传感器节段，可以多选。如果选择采集时域数据（View Acceleration vs. Time），将弹出如图 5-63 所示窗口，提示采集单轴还是总加速度值。下面进入采集窗口，如图 5-64 所示，横轴为时间，竖轴为加速度值，采集结束后通过"Save to File"按键进行数据保存。

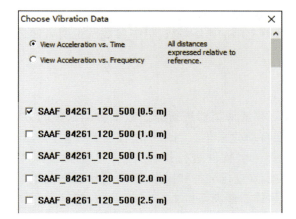

图 5-62　振动监测启动窗口（一）

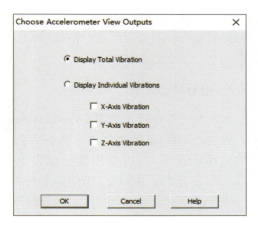

图 5-63　振动监测启动窗口（二）

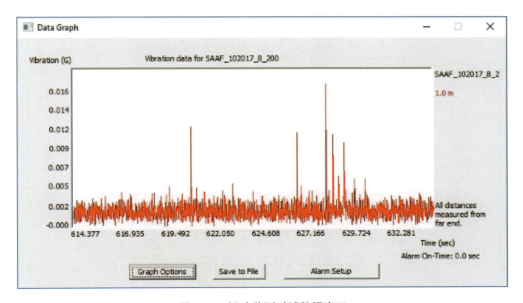

图 5-64　振动监测时域数据窗口

5.6.2 数据格式转换

为了便于数据核查，厂商提供数采 Logger 的 DAT 数据与 SAARecorder 的 RSA 数据的互转功能，通过 DOS 命令执行。说明如下：

(1) DAT 转 RSA

命令行：Dat2Rsa〈SAARecorder Folder Name〉[－L|－FL]〈DAT Filename_1〉〈DAT Filename_2〉... ...〈DAT Filename_N〉

可选参数 －L 代表仅转换最后一期数据；可行参数－FL 代表转换首期和最后一期数据。

(2) RSA 转 DAT

命令行：RSA2Dat〈－append〉[RSAFilename.rsa]

如果输出时间戳需要毫秒精度，则需在命令行上添加－h 参数，更多参数及说明可通过/? 获取。

5.6.3 电脑自动采集

本章 5.3 节介绍了使用 Campbell Scientific 数据采集器进行原始数据自动采集的方法，该方式安全可靠，适用于各种环境条件下的长期自动化采集。当用户仅仅需要在室内进行短期的自动化采集，可以使用电脑配合 SAARecorder 软件进行操作，该方法需要按照本章 5.1.1 节、5.1.2 节和 5.1.3 节中图 5-16 以前的步骤进行准备和操作，随后启动 File 菜单下的第一项"Auto-save raw data file(s)"进行配置，具体参照图 5-65。

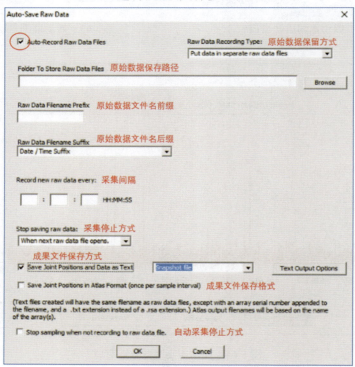

图 5-65 SAARecorder 自动采集配置界面

5.6.4 节段取直处理

当个别节段传感器出现故障，无法将 SAA 整体取出后进行返厂维修时，可以在损失部分精度的情况下，采用软件算法进行节段取直处理。参照本章图 5-22 界面，点击上部右侧的"Edit Slaved"按键，弹出如图 5-66 所示窗口，将问题节段勾选。该方法将勾选的节段数据用邻近出线端节段数据代替，虽然精度上存在损失，但保证了 SAA 整体数据可用。

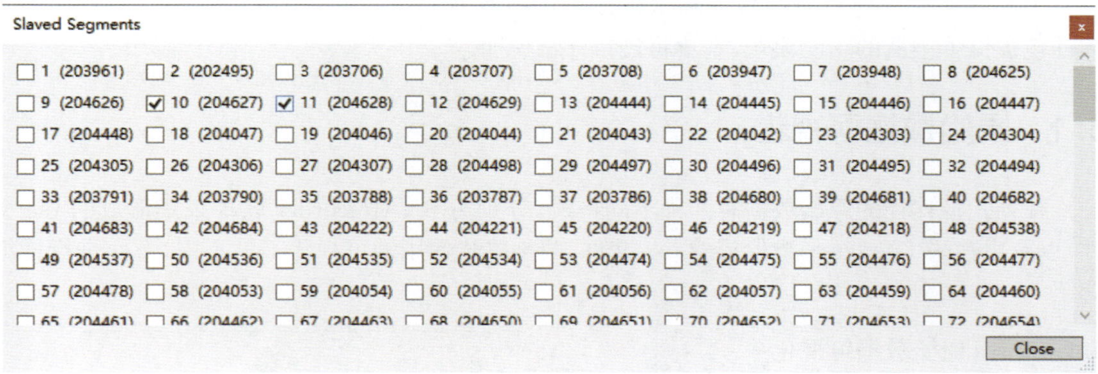

图 5-66　节段取直处理窗口

至此，阵列式位移计的采集和解算方式介绍完毕，用户可根据现场情况进行灵活组合，但要特别注意，供电电压必须稳定且高于基础电压（不同型号略有不同，一般为 11.5 V），否则很可能会出现因电源问题导致的形变数据异常，详细说明参照第 9 章。

第 6 章 阵列式位移计的数据可视化

为了更加直观地对原始数据和坐标成果进行查看和研判,Measurand 公司的 SAASuite 软件包提供了丰富的功能模块,本章将进行详细说明。

6.1 原始数据可视化

阵列式位移计的原始数据有两种不同格式,分别为 SAARecorder 软件采集形成的 rsa 文件,以及由数采 Logger 采集形成的 dat 文件,两种格式使用的可视化工具不同,下面进行详细介绍。

6.1.1 rsa 原始数据可视化

由于 rsa 文件为 Measurand 公司自定义格式,因此该文件的可视化必须使用 SAASuite 软件包中的 SAARecorder 软件。通过单击第 5 章图 5-1 中的"Manual Data Collection"启动该程序,随后直接点击图 5-8 最下方的"Just Start SAARecorder"进入图 5-16 所示的主界面。点击 File 菜单下的 Open raw data file,在弹出的窗口选择一个 rsa 文件,界面中央会出现如图 6-1 所示的窗口,请不要关闭该窗口。

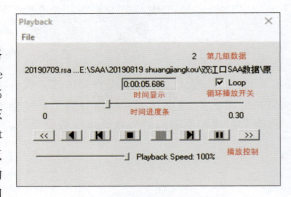

图 6-1 原始数据回放窗口

1. 基础设置

如图 6-2 所示,通过 SAA setup 菜单下的"Reference"进行基准点设置,其中 Near 代表出线端作为基准点,Far 代表远端作为基准点,Individual Reference Settings 可以任意设置基准点,可参照第 2 章图 2-7、图 2-14、图 2-15、图 2-21 和图 2-24 中的标识。"Mode"进行工作模式的设置,竖向工作模式选择"3-D Mode",横向工作模式选择"2-D Mode",收敛工作模式选择"2-D Mode"的同时勾选"Mixed H/V"。

2. 图形查看

SAARecorder 软件主界面下的四个象限分别显示 XY、XZ、YZ 坐标和 3D Perspective View,可通过 Display options 菜单(图 6-3)进行自行设置。

3. 数据查看

如图 6-4 所示,Data and graphs 菜单下的"Numeric data"可以查看原始及坐标数据。如图 6-5 所示,节点号是以基准点为 0 开始的顺序编号,X、Y、Z 坐标为各柔性关节中心处的坐标值,旋转角、加速度值及温度为节点间传感节段内传感器的数值。

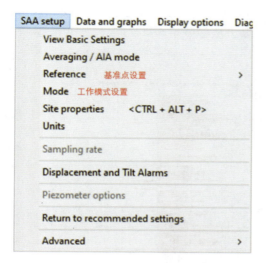

图 6-2　基础设置

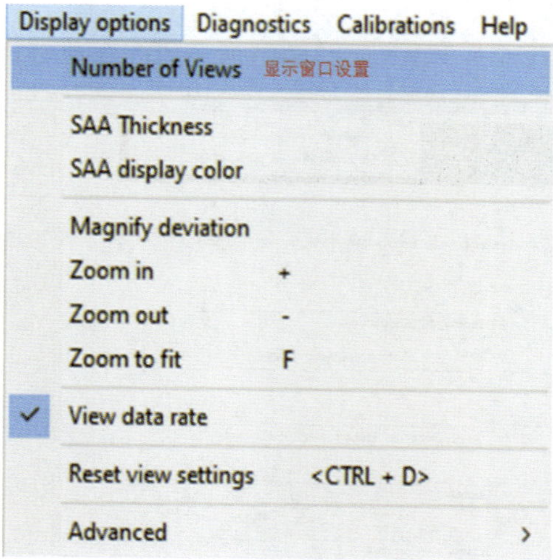

图 6-3　图形查看设置

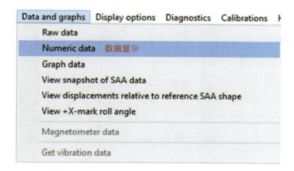

图 6-4　数据查看设置

SAA Numeric Data: SAAV_203962_100_500

☑ Position　☑ Rotation　☑ Acceleration　☑ Temperature

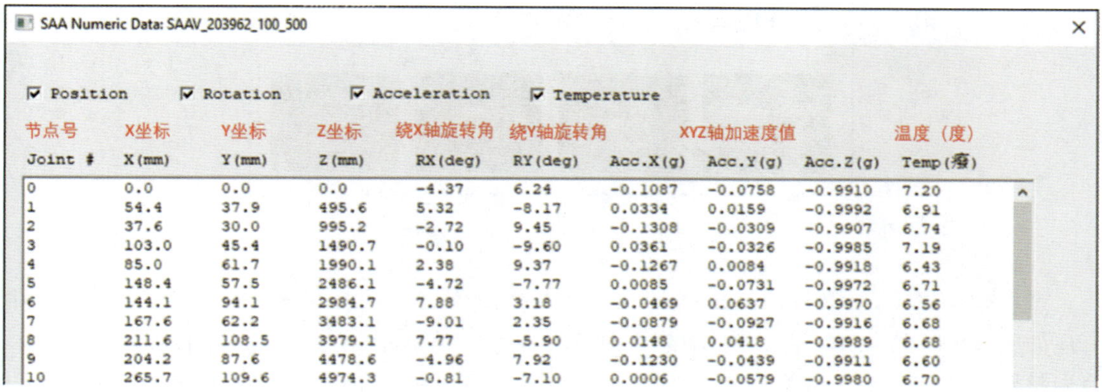

节点号 Joint #	X坐标 X(mm)	Y坐标 Y(mm)	Z坐标 Z(mm)	绕X轴旋转角 RX(deg)	绕Y轴旋转角 RY(deg)	XYZ轴加速度值 Acc.X(g)	Acc.Y(g)	Acc.Z(g)	温度（度） Temp(瘙)
0	0.0	0.0	0.0	-4.37	6.24	-0.1087	-0.0758	-0.9910	7.20
1	54.4	37.9	495.6	5.32	-8.17	0.0334	0.0159	-0.9992	6.91
2	37.6	30.0	995.2	-2.72	9.45	-0.1308	-0.0309	-0.9907	6.74
3	103.0	45.4	1490.7	-0.10	-9.60	0.0361	-0.0326	-0.9985	7.19
4	85.0	61.7	1990.1	2.38	9.37	-0.1267	0.0084	-0.9918	6.43
5	148.4	57.5	2486.1	-4.72	-7.77	0.0085	-0.0731	-0.9972	6.71
6	144.1	94.1	2984.7	7.88	3.18	-0.0469	0.0637	-0.9970	6.56
7	167.6	62.2	3483.1	-9.01	2.35	-0.0879	-0.0927	-0.9916	6.68
8	211.6	108.5	3979.1	7.77	-5.90	0.0148	0.0418	-0.9989	6.68
9	204.2	87.6	4478.6	-4.96	7.92	-0.1230	-0.0439	-0.9911	6.60
10	265.7	109.6	4974.3	-0.81	-7.10	0.0006	-0.0579	-0.9980	6.70

图 6-5　数据查看界面

4. 数据诊断

如图 6-6 所示，通过 Diagostic 菜单下的“Diagnostic Tests”进行加速度检查。图 6-7 中，

各传感器节段内的总加速度值应该在 0.99g 至 1.01g 之间，如果超出此范围，说明相应节段内传感器数据存在异常，需要进行全项诊断，具体诊断方法参照第 8 章。

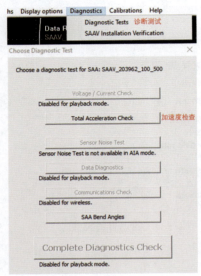
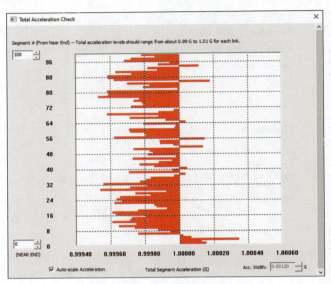

图 6-6　数据诊断菜单　　　　　　　　　图 6-7　加速度值诊断窗口

6.1.2　dat 原始数据可视化

dat 文件为标准文本文件，用户可使用记事本进行查看。Measurand 公司也提供了数据编辑和诊断分析软件，可通过 SAASuite 中的 SAACR_DataChecker 软件进行操作，启动方式参照图 6-8。

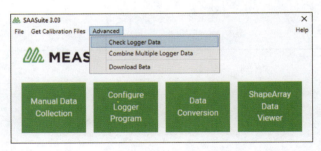

图 6-8　SAACR_DataChecker 模块启动

点击软件左上角的"Open Data File(s)"，在弹出窗口中选择 *_SAA1_DATA.dat 文件，出现如图 6-9 所示主界面，该界面中部为时间—原始数值展示图，横轴为时间，竖轴为以 Near 端为起始的传感器节点编号。通过勾选正上方的"Temperature"，可以将每节传感器的温度值进行可视化显示。通过勾选正上方的"Differential"，可以显示每节传感器相对首期值的变化情况。点击界面正上方的"Filter"按键，在弹出的窗口（图 6-10）中可以对原始数据进行过滤处理，通过"Remove Bad/Invalid Data"按键，可以对 10 000～60 000 范围外的异常原始数据进行删除；通过"Select Data"按键，可以选择部分数据进行后续解算。退出前点击左上角"Save

Data File(s)"进行数据保存。

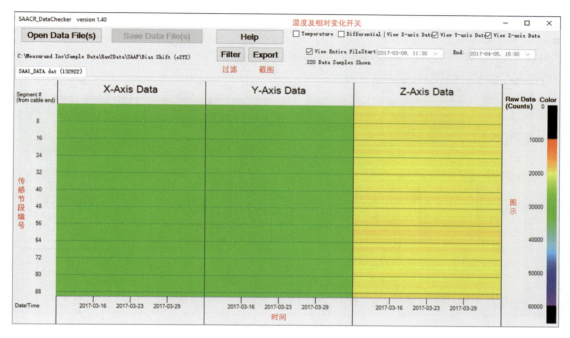

图 6-9　SAACR_DataChecker 软件原始数据查看

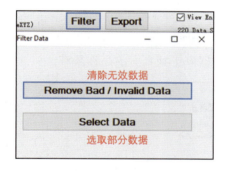

图 6-10　原始数据过滤处理界面

6.2　成果数据可视化

对原始数据进行解算后,会在同一文件夹下生成多个过程及成果文件和文件夹,具体说明参见第 5 章图 5-25。其中的成果文件主要是 multi_saa_allcart.mat 文件和 diy 文件夹下的 dat 文件,mat 文件是 MATLAB 的数据存储的标准格式,dat 文件是文本标准格式,下面分别介绍两个文件的可视化方法。

6.2.1　mat 成果数据可视化

SAASuite 软件包中的 SAAView 软件专门用来对 mat 文件进行可视化操作,通过单击

第 5 章图 5-1 中的"ShapeArray Data Viewer"启动该程序,点击左上角"Open Project"选取项目 multi_saa_allcart.mat 文件,进入如图 6-11 所示的主界面。

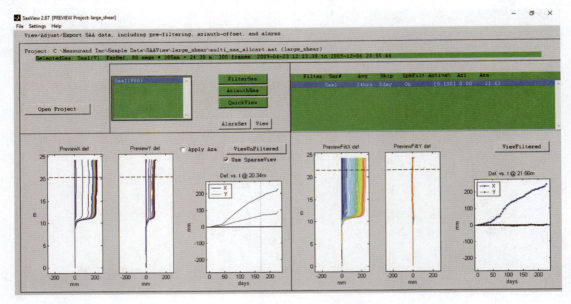

图 6-11　SAAView 软件主界面

1. 基本配置

在顶部菜单"Settings"中,通过"Metric/English"进行 mm 和 in 单位切换。通过"Elevation Offsets"进行高程设置,如图 6-12 所示,可以设置孔口出线端高程,点击右下角"Calculate"后,将整条 SAA 数据修正到真实的高程基准。

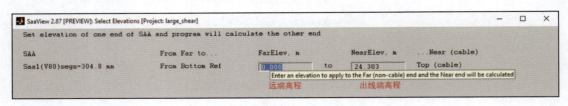

图 6-12　高程设置窗口

2. 查看完整数据

图 6-11"SAAView 软件主界面"左下部分为完整数据预览区,点击"ViewUnFiltered"进入数据查看窗口,如图 6-13 所示。为了提高数据显示速度,软件默认采用"SparseView"模式,将采集时间前 80% 的数据按照 1/50 进行抽稀,最新的 20% 数据完整显示。用户也可以根据需要关闭"SparseView"模式,实现完整数据的可视化。

图 6-13 所示窗口共有 7 个区域,各区域的主要功能及操作如下:

(1)区域 1

默认情况下,本区域横轴为 X 坐标相对于首期的变形值,单位:mm;竖轴为 Z 坐标值,单位:m。图形中会有上下两条黄色虚线,鼠标箭头放在黄色虚线处,按下左键后不要松开,待变成小手形状后上下拖动,可查看 Z 轴不同位置处变形曲线,同时对应 2、3、4 区域的曲线也会

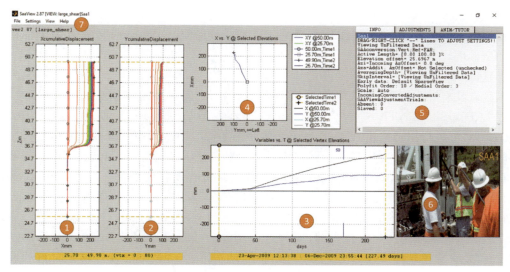

图 6-13 完整数据查看窗口

随之变化。鼠标箭头放在任意黄色虚线处,单击鼠标右键会弹出如图 6-14 所示菜单。该菜单中,"Select Vertex 1"可将下面的黄色虚线精确定位到指定柔性关节位置,"Select Vertex 2"可将上面的黄色虚线精确定位到指定的柔性关节位置。定位好后,可以使用"Relative to Selected Vertex"查看这两点间的相对变化曲线。

(2)区域 2

默认情况下,本区域横轴为 Y 坐标相对于首期的变形值,单位:mm;竖轴为 Z 坐标值,单位:m。图形中也会有上下两条黄色虚线,操作方法同区域 1。

(3)区域 3

默认情况下,本区域横轴为时间,单位:d,以首期为 0;竖轴为 X、Y 坐标变形量,图例详见该图正上方,青色和浅灰色线分别为下部黄色虚线处的 X、Y 坐标变形值,黑色和蓝色线分别为上部黄色虚线处的 X、Y 坐标变形值。该图左右各有一条黄色虚线,鼠标箭头放在黄色虚线处,按下左键后不要松开,待变成小手形状后左右拖动,可查看不同采集时间的变形曲线,同时对应 2、3、4 区域的曲线中会有圆圈和十字标识随之变化。鼠标箭头放在任意黄色虚线处,单击鼠标右键,会弹出如图 6-15 所示菜单。该菜单中"Select Time Subset"可将左侧黄色虚线处设定为初始值,显示右侧虚线处的累计变形曲线。

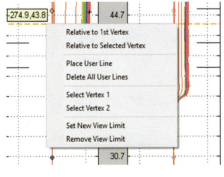

图 6-14 区域 1 右键菜单

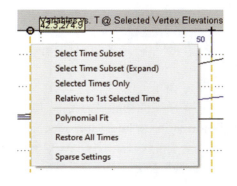

图 6-15 区域 3 右键菜单

(4) 区域 4

默认情况下，本区域横轴为 Y 坐标相对于首期的变形值，单位：mm；竖轴为 X 坐标相对于首期的变形值，单位：mm。

(5) 区域 5

本区域共有 3 个标签，默认情况下为"INFO"标签，显示一些基本信息和操作提示。第二个标签"ADJUSTMENTS"中包含多个修正功能，视图如图 6-16(a) 所示。"AntiRotation Diagnostics"可进行扭转修正判别，具体说明参照图 3-33。"AntiRotation Trial"可进行扭转修正测试，勾选后左侧图形立即显示扭转修正后的效果。"Bias Shift Adjustment"可进行零位漂移修正，目前最新版本 Raw2Data 软件 V5.16 默认对所有设备施加修正。"Cyclical(zigzag) Install"：当 SAAV 采用 zigzag 方式竖向安装时，应该勾选该功能，软件通过算法将如图 6-16(b) 所示的折线型 SAA 模拟成一条平顺曲线（绿色虚线）。"Zero-Ends(Horizontal)"：当采用横向安装，SAA 两端均作为固定点时，应勾选该功能。"Enable these Selections in SAACR_raw2data"是将修正功能应用到 raw2data 软件中，使得下次 raw2data 软件解算时自动进行相应修正。

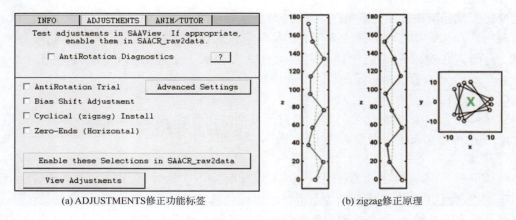

(a) ADJUSTMENTS 修正功能标签　　(b) zigzag 修正原理

图 6-16　ADJUSTMENTS 修正功能标签及 zigzag 修正原理

(6) 区域 6

本区域为现场图片展示区，可通过顶部"Settings"菜单中的"Edit Size of Site Photo"进行图片大小调整。需要更换图片时，只需将现场图片拷贝到项目文件夹下，将文件名更改为 site_image[序列号].png(jpg 或 bmp)。

(7) 区域 7

本区域为菜单区，下面重点阐述"Settings"和"View"两个菜单下的部分功能，如图 6-17 所示。

① "View"菜单

"View"菜单下的功能最为关键，其中包括 9 种显示模式，分别为：

a. Deformation (CumDisplacement) dx, dy

此项为默认模式，显示各期 X、Y 坐标相对于第一期的累计变形曲线，每期变形量为一条彩色曲线，如图 6-13 所示，计算公式如下：

$$\mathrm{d}x_i = x_i - x_0 \quad (i=1,2,3,\cdots,n) \tag{6-1}$$

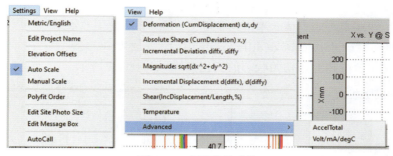

图 6-17 主要菜单功能

$$dy_i = y_i - y_0 \quad (i=1,2,3,\cdots,n) \tag{6-2}$$

此项模式主要用来查看相对于初始状态的累计变形。

b. Absolute Shape（CumDeviation）x，y

此项显示 X、Y 坐标数据曲线，每期坐标为一条彩色曲线，如图 6-18 所示。由于变形量相对于绝对空间形状的量值很小，因此图形显示并不明显。此项模式主要用来查看孔位的绝对形状。

c. Incremental Deviation diffx，diffy

此项显示每个节段顶点相对于铅垂状态的变化曲线，每期变化量为一条彩色曲线，如图 6-19 所示，计算公式见式(3-11)、式(3-12)。

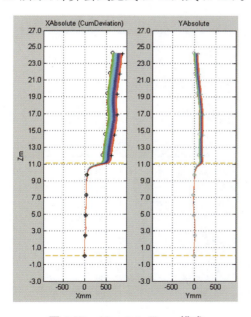

图 6-18 Abosolute Shape 模式

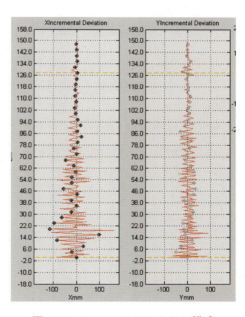

图 6-19 Incremental Deviation 模式

此项模式主要用来查看各个节段在孔内的倾斜状况。如图 6-19 所示，底部区域(0～102 m) 受 SAA 自重作用，各节段倾斜度较大，节段间柔性关节与测孔内壁贴合。

d. Magnitude sqrt($dx^2 + dy^2$)

此项显示水平总变形累计曲线，每期为一条彩色曲线，于左侧窗口显示，如图 6-20 所示，计算公式为

$$d\Delta_i = \sqrt{dx_i^2 + dy_i^2} \quad (i=1,2,3,\cdots,n) \tag{6-3}$$

此项模式主要用来查看整体水平变形情况。

e. Incremental Displacement d(diffx)，d(diffy)

此项显示每个节段相对于初始状态的变化曲线，如图 6-21 所示。

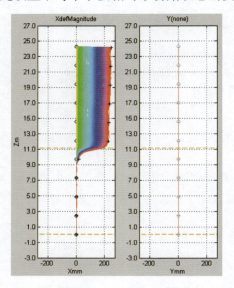

图 6-20　Magnitude sqrt 模式

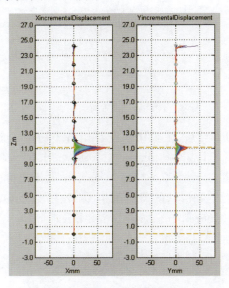

图 6-21　Incremental Displacement 模式

f. Shear (IncDisplacement/Length，%)

此项显示每个节段点相对于初始状态的变形率，如图 6-22 所示。

g. Temperature

显示每个节段内温度传感器数值，如图 6-23 所示。

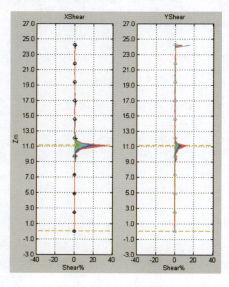

图 6-22　Shear 模式

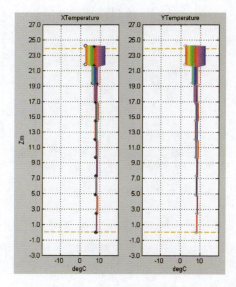

图 6-23　Temperature 模式

h. Advanced—AccelTotal

显示总加速度值，如图 6-24 所示。

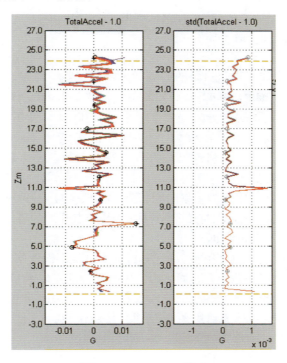

图 6-24　AccelTotal 模式

i. Advanced—Volt/mA/degC

显示数采记录的电压电流和温度值。

②"Settings"菜单

"Settings"菜单最下方的"AutoCall"，在自动解算后可以实现变形图的自动截取并保存为图片文件。首先切换到需要截图的 9 种显示模式之一，然后点击"Settings-AutoCall"后弹出如图 6-25 所示的窗口。顶部空白框中填写截图名称缩写，点击"AllOn"，点选"Select"，点击右下角"Save"退出。再次进入 AutoCall 配置界面，点击左上角"File-Export AutoCall Images"，界面闪过后，会在项目文件夹下自动生成 view_auto_[截图名称]_[序列号].png 文件。为了实现解算后自动截图，可以将如下命令行添加在 5.4.2"转换参数配置"的文件中：

Call saaview.exe auto_call [项目完整路径] CRDC(截图名称，空格分隔)

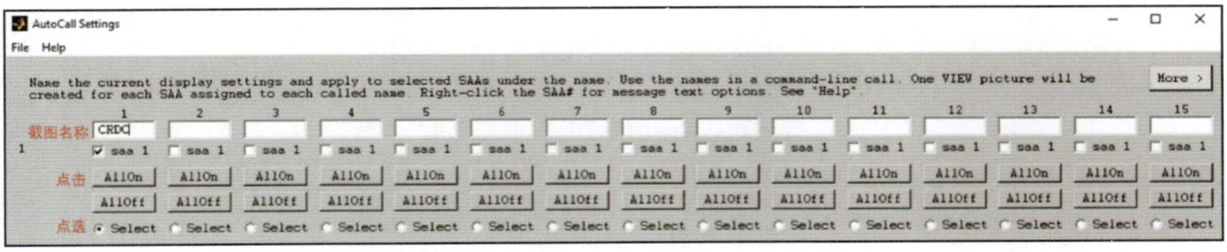

图 6-25　AutoCall 配置窗口

3. 查看抽稀数据

为了提高显示速度，SAAView 主界面右下角为进行抽稀后的数据图形，可以通过点击"ViewFilted"进入查看，操作方法与"查看完整数据"完全相同。

6.2.2 dat 成果数据可视化

这里介绍的 dat 成果位于项目目录的 DIY 文件夹下，文件名为"[SAA 型号]_[序列号]_[节段数]_[单节段长度].dat"，例如 SAAF_118880_264_500.dat。该文件可以使用文本编辑器直接打开，其中的数值使用逗号分隔。为了便于查看和编辑，可在 DIY 文件夹下直接复制一份文件副本，将后缀名由 dat 修改为 csv，便可直接使用 Excel 软件打开进行编辑。Raw2Data 软件默认转换后的数据格式定义如下：

第一行为项目标注信息；

第二行为数据标注信息，依次为采集时间、记录号、从基准点开始的各柔性关节中心的 X 坐标、从基准点开始的各柔性关节中心的 Y 坐标、从基准点开始的各柔性关节中心的 Z 坐标；

第三行以后，每行一期监测数据。

如果需要 dat 文件中显示更多类型数据信息，可通过如下设置实现：

（1）启动 Raw2Data 软件，依次点击"Reset"-"OK"后，进入如图 5-22 所示界面。

（2）点击左下角"Export Settings"，进入如图 6-26 所示的设置界面。在左上角"Data Types"中进行数据信息选择，下面对应图 6-27 进行解释说明：

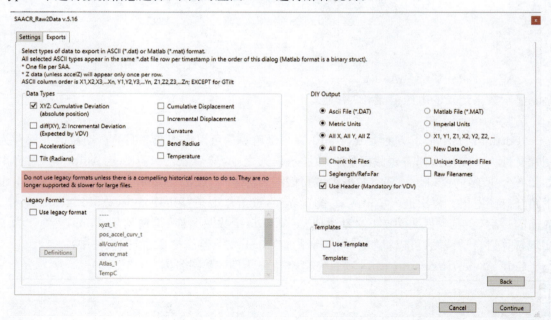

图 6-26 Export Settings 设置界面

①XYZ：Cumulative Deviation

本项为默认值，为各个柔性关节中心处相对于基准点的坐标值，初始状态数值为 Sensor_X_002＝A 及 Sensor_X_003＝A+B，第二期状态数值为 Sensor_X_002＝C 及 Sensor_X_003＝C+D。第二行数据标注标识为 Sensor_X_###、Sensor_Y_###、Sensor_Z_###。

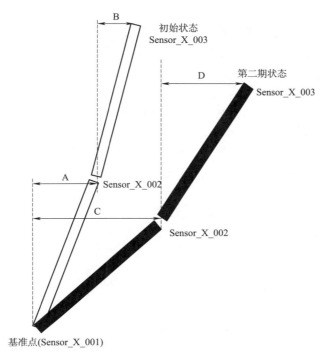

图 6-27　SAA 双节段变形模拟图

②diff（XY），Z：Incremental Deviation

本项为各个传感节段的两个端点间的坐标差，初始状态数值为 Sensor_dX_002＝A 及 Sensor_dX_003＝B，第二期状态数值为 Sensor_dX_002＝C 及 Sensor_dX_003＝D。第二行数据标注标识为 Sensor_dX_###、Sensor_dY_###、Sensor_Z_###。

③Accelerations

本项为各个传感节段的 X、Y、Z 三轴加速度值。第二行数据标注标识为 Sensor_accelX_###、Sensor_accelY_###、Sensor_accelZ_###。

④Tilt

本项为各个传感节段 X、Y 轴相对于铅垂或水平面的夹角，单位为弧度。第二行数据标注标识为 Sensor_tiltradX_###、Sensor_tiltradY_###、Sensor_Z_###。

⑤Cumulative Displacement

本项为各个柔性关节中心处相对于初始状态的累计变化值，初始状态数值为 Sensor_cumDispX_002＝0 及 Sensor_cumDispX_003＝0，第二期状态数值为 Sensor_cumDispX_002＝C-A 及 Sensor_cumDispX_003＝(C-A)＋(D-B)。第二行数据标注标识为 Sensor_cumDispX_###、Sensor_cumDispY_###、Sensor_Z_###。

⑥Incremental Displacement

本项为各个柔性关节中心处相对于初始状态的相对变化量，初始状态数值为 Sensor_incDispX_002＝0 及 Sensor_incDispX_003＝0，第二期状态数值为 Sensor_incDispX_002＝C-A 及 Sensor_incDispX_003＝D-B。第二行数据标注标识为 Sensor_incDispX_###、Sensor_incDispY_###、Sensor_Z_###。

⑦Curvature

本项为各个传感节段的角度变化率 dtheta/ds，dtheta 为单个传感节段的角度变化值，ds 为节段长度。第二行数据标注标识为 Sensor_curvX_###、Sensor_curvY_###、Sensor_Z_###。

⑧Bend Radius

本项为相邻两根传感节段的内切圆半径。第二行数据标注标识为 Sensor_bendradius_### 和 Sensor_Z_###。

⑨Temperature

本项为各个传感节段的温度值。第二行数据标注标识为 Sensor_temp_### 和 Sensor_Z_###。

(3)右上角"DIY Output"可以进行参数设置，具体如下：

①ASCII File(*.DAT)

本项为默认，输出 ASCII 格式的文本文件，后缀名为 dat。

②MATLAB File (*.MAT)

本项输出二进制格式的 Matlab 文件，后缀名为 mat。

③Metric Units

本项为默认，输出单位为公制，其中 X、Y 轴单位为 mm，Z 轴单位为 m。

④Imperial Units

本项输出单位为英制。

⑤All X，All Y，All Z

本项为默认，输出的数据先是所有节点的 X 值，接下来是所有节点的 Y 值，最后是所有节点的 Z 值。

⑥X1，Y1，Z1，X2，Y2，Z2，…

按照每个节点的 X、Y、Z 进行输出。

⑦All Data

本项为默认，输出所有数据。

⑧New Data Only

仅输出最新数据。

⑨Chunk the Files

仅当输出 MATLAB File (*.MAT) 文件时可选，按照每 500 期数据一个独立 mat 文件的方式进行分割输出。

⑩Unique Stamped Files

每一个输出文件的文件名最后都会加上一个时间戳，如"_2015_11_16_19_41_54"。

⑪Seglength/Ref=Far

此项选择后，将会在 TIMESTAMP 和 RECORD 后增加两列数据，SEGLENGTH 为节段长度，单位为 mm 或英尺，Ref=Far 代表基准点为远端。

⑫Raw Filenames

成果数据的文件名将与原始数据的文件名保持一致。

⑬Use Header (Mandatory for VDV)

本项为默认,会在文件前两行显示标注信息。

对于该文件的可视化,用户可使用 Excel 或其他软件自行操作。

6.2.3 数据网络可视化

目前,国内外各个行业都开发了基于公有云的监测数据可视化平台,由于面向行业用户不同,各平台的架构、功能及操作等均有各自特点。下面简要介绍其中的两个平台,供参考借鉴。

1. Vista Data Vision(www.vistadatavision.com)

该网站由冰岛 Vista Data Vision 公司开发,与 Measurand 公司有固定长期合作关系,Raw2Data 软件的输出格式模板中已预设了其标准的 VDV 格式。通过相关配置后,该网站能够将 Logger 状态信息和 SAA 成果数据等进行可视化显示,如图 6-28 和图 6-29 所示。网站提供试用账号,登录网址为 demo.vdvcloud.com,用户名和密码均为 demo。

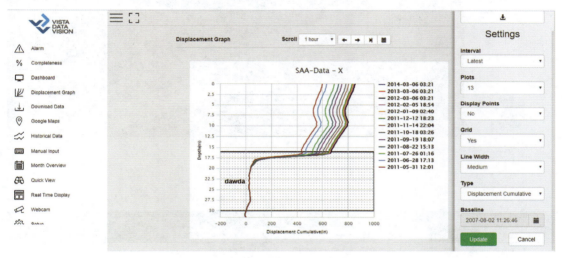

图 6-28　SAA 数据图形化显示

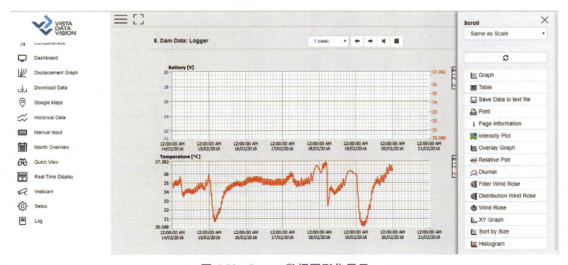

图 6-29　Logger 数据图形化显示

2. 综合监测检测系统（monitor.051mos.com）

该网站由中国铁路设计集团有限公司开发，能够接入目前市场上绝大多数的传感器数据，具备原始数据的自动解算、短信预警、图形可视化及项目人员管理等功能。通过多年对 SAA 设备的综合应用，该网站能够对 SAA 原始数据进行全面的粗差探测和剔除，确保成果数据的真实可靠。该系统的主要界面参照图 6-30、图 6-31 和图 6-32。

图 6-30　现场监测点总览图

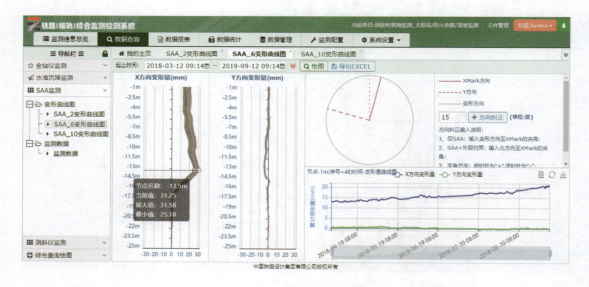

图 6-31　SAA 监测数据浏览图

图 6-32 SAA 监测点配置界面

第 7 章　阵列式位移计的数据文件

阵列式位移计的数据文件主要包括三类:第一类为基础数据文件,主要是 cal、site 文件;第二类为原始数据文件,主要是 dat、rsa 文件;第三类为成果数据文件,主要是 mat、dat 文件,下面分类型进行介绍。

7.1　基础数据文件

7.1.1　cal 文件

每条 SAA 设备出厂前,均会形成一个出厂标定文件,该文件名通常为[SAA 型号]_[序列号]_[传感节段数]_[每个传感节段长度(mm)].cal,例如:SAAV_203962_100_500.cal,代表该条 SAA 的型号为 SAAV,序列号为 203962,单个传感节段的长度为 500 mm,共有 100 个传感节段。该文件通常存储在 C:\Measurand Inc\SAARecorder\Calibrations 文件夹中。如果 SAARecorder 或 Raw2Data 软件提示 cal 不存在,可以使用 SAASuite 软件菜单中的"Get Calibration Files"进行在线获取,如图 7-1 所示。该文件样例参照附录 E.1。

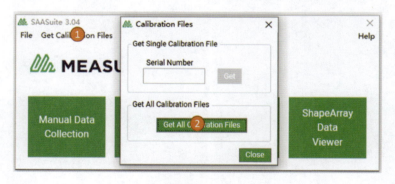

图 7-1　标定文件 cal 下载

7.1.2　site 文件

当 SAA 用于收敛工作模式安装,或多条 SAA 首尾相连形成超级 SAA 时,需要编辑形成后缀名为 cal 的 site 文件,该文件样例位于 C:\Measurand Inc\Sample Data\Raw2Data\site_file_examples 中,可参照进行修改。

1. 收敛工作模式 site 文件配置

该文件包含如下内容:

[cr_sernum]

cr_sernum:　　　　　　　　　\\(数据采集器 Logger 序列号,本项可空)\\

[section_saa]
num：2   \\（收敛工作模式的 SAA 设备数量）\\
[section_saa_01]
serialnumber：53484   \\（第 1 条 SAA 的序列号,顺序不分先后）\\
[section_saa_02]
serialnumber：53489   \\（第 2 条 SAA 的序列号,顺序不分先后）\\

用记事本编辑如上内容,保存到项目文件夹下,后缀名由 txt 修改为 cal。使用 Raw2Data 进行数据解算时,在图 5-57 最下方使用"Browse"选择刚刚形成的 site 文件。

2. 超级 SAA 配置

当现场监测区段很长,单条 SAA 长度无法满足要求,可以将多条 SAA 首尾相连,形成超级 SAA。下面通过一个样例进行说明,如图 7-2 所示。

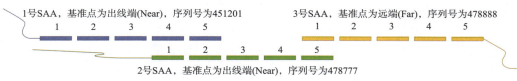

图 7-2 超级 SAA 样例

该样例的 site 文件保存到项目文件夹下,后缀名修改为 cal,内容如下：

[cr_sernum]
cr_sernum：12345   \\（数据采集器 Logger 序列号,本项可空）\\
[super_saa]
num：1   \\超级 SAA 的数量\\
[super_saa_01]
num：3   \\01 超级 SAA 包含 SAA 条数\\
[saa_01_02]   \\ 01 号和 02 号搭接 SAA 的属性配置\\
saa_sernums：451201,478777   \\ 01 和 02 号的序列号\\
far_refs：0,0   \\ 01 和 02 号的基准点,Far 为 1,Near 为 0\\
total_extents：1,5;1,5   \\使用的节段范围,以基准点为 1 顺序编号\\
overlaps：4,5;1,2   \\ 01 搭接段编号,02 搭接段编号\\
[saa_02_03]   \\ 02 号和 03 号搭接 SAA 的属性配置,同上\\
saa_sernums：478777,478888
far_refs：0,1
total_extents：1,5;1,5
overlaps：5;1

7.2 原始数据文件

7.2.1 rsa 文件

使用 SAARecorder 软件进行数据人工采集得到后缀名为 rsa 的原始数据文件,该文件为

Measurand 公司自定义格式,每次人工采集生成一个独立的 rsa 文件,可以使用记事本打开。该文件前部分为采集时间、标定参数等信息,后部分为二进制原始数据。文件样例参照附录 E.2。

7.2.2 dat 文件

使用坎贝尔数据采集器(Campbell Scientific Data Loggers)进行数据自动采集,通常会得到 5 个后缀名为 dat 的原始数据文件,每个文件均可使用记事本打开编辑,各个文件说明见表 7-1。

表 7-1 Logger dat 原始数据文件说明

序号	文件类型	文件说明
1	_PROJECT_INFO.dat	项目信息文件。记录数采程序的版本、SAA 序列号、均值次数等信息
2	_SAA#_DATA.dat	原始数据文件。其中"#"号从 1 开始计,每条 SAA 单独一个文件。记录采集时间、XYZ 轴、温度和磁力计的原始数据等
3	_LOGGER_DIAGNOSTICS.dat	数采诊断文件。记录每个采集时间数采的电压、电流等信息
4	_SAA_DIAGNOSTICS.dat	SAA 诊断文件。记录每个采集时间 SAATOP 的电压、电流和温度等信息
5	_SERIAL_ERRORS.dat	通信诊断文件。记录数采与 SAA 的连接诊断信息

下面对每个文件内容进行说明:

1. _PROJECT_INFO.dat

该文件记录项目信息。第一行自左向右依次为文件格式、数采名称、数采型号、数采序列号、数采系统版本号、数采程序名、数采程序签名、表名。第二行为列标识符,自左向右依次为时间戳、记录号、程序版本、均值次数、项目名称、SAA 数量、传感节段数量、各个传感节段的序列号。第三行为数据类型,TIMESTAMP 列为 TS,RECORD 列为 RN,其他列为空。第四行的 TIMESTAMP 列和 RECORD 列为空,其他列为 Smp。从第五行开始,数采每重新启动一次,都会记录一行数据。该文件样例参见附录 E.3。

2. _SAA#_DATA.dat

该文件为必不可少的原始数据文件。第一行、第三行、第四行同_PROJECT_INFO.dat。第二行为列标识符,自左向右依次为时间戳、记录号、SAA 序列号、各个传感节段的原始数据、各个传感节段的温度值。从第五行开始,每期原始数据遵照第二列顺序列出。该文件样例参见附录 E.4。

3. _LOGGER_DIAGNOSTICS.dat

该文件为数据采集器的诊断文件。第一行、第三行、第四行同_PROJECT_INFO.dat。第二行为列标识符,自左向右依次为时间戳、记录号、数采电压(V)、数采温度(℃)、电量标识(当数采电压大于等于 10.5 V 时,not_enough_power 值为 0;反之,not_enough_power 标志设置为 1,对应时间戳的 SAA_DIAGNOSTICS.dat 和 SAA#_DATA.dat 文件中的读数将仅记录为零)。从第五行开始,每条原始数据将对应一条诊断记录。该文件样例参见附录 E.5。

4. _SAA_DIAGNOSTICS.dat

该文件为 SAA 诊断文件。第一行、第三行、第四行同_PROJECT_INFO.dat。第二行为列标识符,自左向右依次为时间戳、记录号、SAA 序列号、SAATOP 电压(V)、SAATOP 电流

(mA)、SAATOP 温度(℃)。从第五行开始,每条原始数据将对应一条诊断记录。该文件样例参见附录 E. 6。

5. _SERIAL_ERRORS. dat

该文件为通信诊断文件。第一行、第三行、第四行同_PROJECT_INFO. dat。第二行为列标识符,自左向右依次为时间戳、记录号、SAA 序列号、CRC 检校错误数、COM 检校错误数。CRC 检校错误数和 COM 检校错误数从 0 开始累计,数采程序文件重启后清零。从第五行开始,每条原始数据将对应一条诊断记录。该文件样例参见附录 E. 7。

7.3　成果数据文件

7.3.1　mat 文件

mat 文件是 MATLAB 数据存储的标准格式文件,项目文件夹下的"multi_saa_allcart. mat"是其中最重要的成果文件,使用 MATLAB 软件打开此文件,包含三个单元数组 cell 和一个结构体 struct。结构体 struct 为"project",包含 55 个 fields,记录项目的各个属性信息。第 1 个单元数组为"ArraySaaCal",记录 SAA 的标定信息,包含 1 个 struct,信息如图 7-3 所示,其中"roll_offset_deg"为重要的标定数据。第 2 个单元数组为"ArraySaaData",记录 SAA 的序列号,包含 1 个 struct。第 3 个单元数组为"ArrayCartesian",记录 SAA 的成果数据,包含 1 个 struct,信息如图 7-4 所示,其中"cart_data"中记录 SAA 各期成果数据。

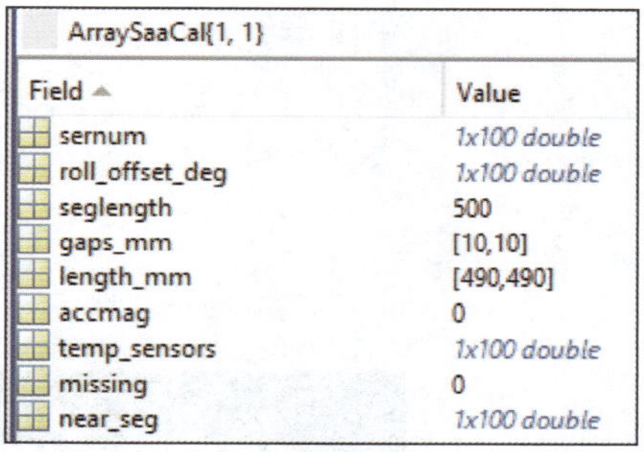

ArraySaaCal{1, 1}

Field	Value
sernum	1x100 double
roll_offset_deg	1x100 double
seglength	500
gaps_mm	[10,10]
length_mm	[490,490]
accmag	0
temp_sensors	1x100 double
missing	0
near_seg	1x100 double

图 7-3　ArraySaaCal 信息

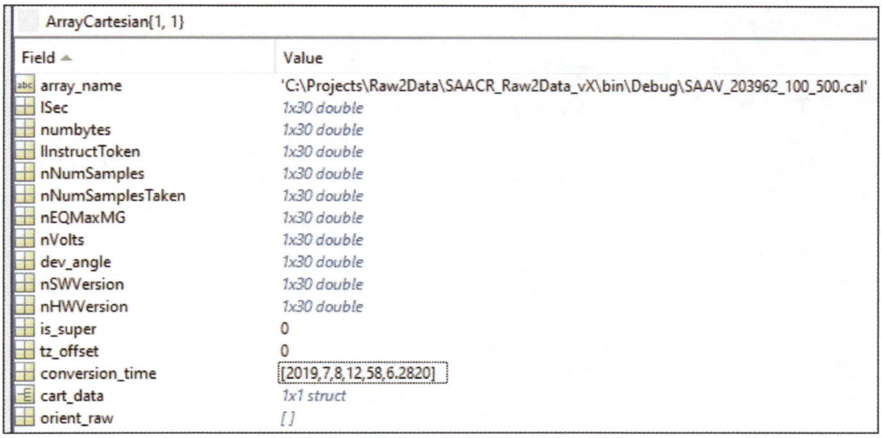

ArrayCartesian{1, 1}

Field	Value
array_name	'C:\Projects\Raw2Data\SAACR_Raw2Data_vX\bin\Debug\SAAV_203962_100_500.cal'
ISec	1x30 double
numbytes	1x30 double
lInstructToken	1x30 double
nNumSamples	1x30 double
nNumSamplesTaken	1x30 double
nEQMaxMG	1x30 double
nVolts	1x30 double
dev_angle	1x30 double
nSWVersion	1x30 double
nHWVersion	1x30 double
is_super	0
tz_offset	0
conversion_time	[2019,7,8,12,58,6.2820]
cart_data	1x1 struct
orient_raw	[]

图 7-4　ArrayCartesian 信息

7.3.2　dat 文件

本处的 dat 文件是 DIY 文件夹下的成果文件,该文件的详细解释详见第 6 章 6. 2. 2"dat 成果数据可视化"。该文件样例参见附录 E. 8。

第 8 章 阵列式位移计的检验与标定

阵列式位移计采用多传感器阵列方式串联而成,为了使得各传感器协调工作,在设备出厂前已进行了检验和标定,并随设备附有检验证书,以便用户能够即装即用。到达工地现场后,可按照如下步骤进行现场检验和标定。

8.1 设备检验

为了便于用户进行设备检验,厂商提供了全面的参数检验工具。检验时,需要用电脑直接连接 SAA,详细操作参照第 5 章 5.1"数据人工采集"。打开 SAARecorder 后,启动"Diagnostic/Diagnostic Tests",如图 8-1 所示。检验工具窗口如图 8-2 所示,前 6 项为单项检验,最后一项为全项检验。

图 8-1 启动检验工具

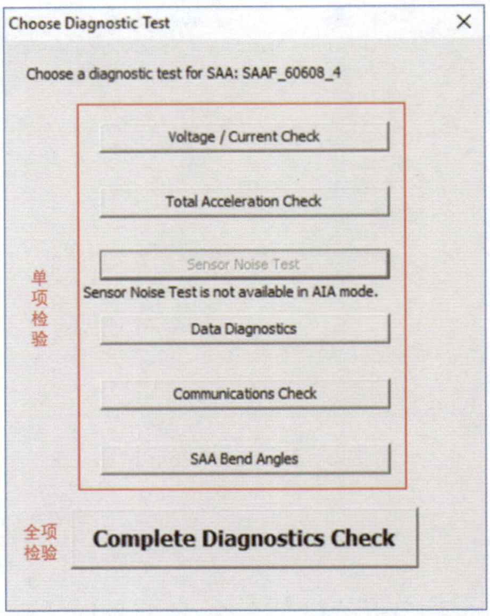

图 8-2 检验工具窗口

8.1.1 电压电流检验

SAA 的传感器节段内装有"SAATop"模组,可以测量电压、电流和温度等信息,点击图 8-2 中"Voltage/Current Check",启动窗口如图 8-3 所示。

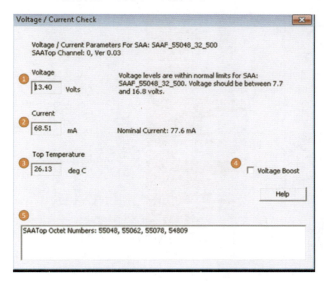

图 8-3 电压电流检验窗口

第①项显示出线端节段内 SAATop 量测的电压值,右侧提示当前数值是否正常,若超出正常值范围时,会有错误提示。第②项显示当前电流值,右侧提示电流正常值,若超出该正常值 10%,会有错误提示。第③项显示出线端温度值。第④项为升压功能开关,可调节设备供电电压,当使用原厂的 model 002 SAA232、model 003 SAA232-5、model 002 SAAUSB 和 model 003 SAA FPU 时,该功能可用,在该项被勾选情况下,如果出线端当前电压低于 8 V,软件将自动激活模块进行升压,以保证设备正常工作。该项功能对于较长的 SAA 及线缆有非常好的辅助作用,建议勾选。第⑤项显示本条 SAA 中"SAATop"模组分布在哪些节段内,实际上,每条 SAA 内部装有多个 SAATop 模组。

8.1.2 加速度值检验

加速度值检验是判断设备及数据是否异常的最佳方式,点击图 8-2 中"Total Acceleration Check",启动窗口如图 8-4 所示。

竖轴为传感器节段编号,以出线端为 0;横轴为加速度值,正常区间为 0.99G~1.01G,若超出此区间,说明该节段传感器可能被损坏。

8.1.3 设备噪声检验

当设置为非平均(非 AIA)模式时,可进行传感器噪声检验,点击图 8-2 中"Sensor Noise Test",启动窗口如图 8-5 所示。

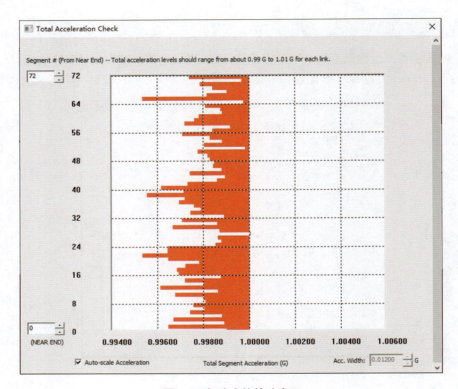

图 8-4 加速度值检验窗口

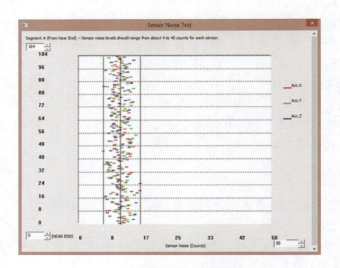

图 8-5 传感器噪声检验窗口

竖轴为传感器节段编号,以出线端为 0;横轴为噪声值,正常区间为 4~40。特别应注意,进行本项检验时,SAA 周围应避免有任何振动干扰,包括人员的走动。若超出正常区间,说明 SAA 周围存在振动干扰,应使用振动监测工具进行数据采集,详见第 5 章 5.6.1 "振动数据采集"。

8.1.4 数据延迟检验

该项功能用来检验数据延迟及丢包,点击图 8-2 中"Data Diagnostics",启动窗口如图 8-6 所示。

左侧第 1 列为传感器各节段序列号,第 2 列为数据采样数量,第 3 列为最小数据延迟,第 4 列为平均数据延迟,第 5 列为最大数据延迟,第 6 列为数据丢包数量。有些 SAA 在上电时会存在短暂的数据丢包现象,而采用无线连接模式时,除了数据延迟会加大,也会存在少量数据丢包。

8.1.5 通信质量检验

该功能用来测试设备的通信质量,点击图 8-2 中"Communications Check",启动窗口如图 8-7 所示。

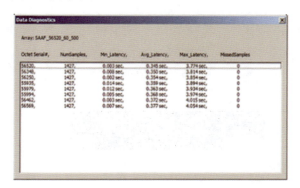

图 8-6 数据延迟检验窗口

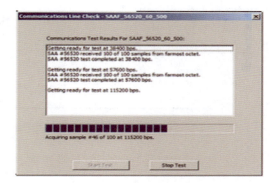

图 8-7 通信质量检验窗口

软件会用 38 400 bit/s、57 600 bit/s、115 200 bit/s、230 400 bit/s 共 4 个速率与最远端节段传感器进行通信测试。如果全部失败,说明线缆连接存在短路或者通信线缆太长。如果 38 400 bit/s 时数据正常,而其他速率均失败,说明通信仍然存在问题,应该进行彻底排查。当采用无线通信时,本功能无效。

8.1.6 关节折角检验

该功能用来测量相邻节段间角度,点击图 8-2 中"SAA Bend Angles",启动窗口如图 8-8 所示。

8.1.7 全项指标检验

该功能用来一次性检验 SAA 的上述各项指标,点击图 8-2 中"Complete Diagnostics Check",启动窗口如图 8-9 所示。

依次点击图 8-9 中的"Use Defaults""OK",软件会陆续弹出多个窗口对 SAA 设备进行全项诊断,包括电压、电流、数据和传感器噪声等,如图 8-10 所示。

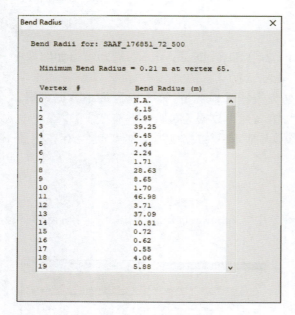

图 8-8 关节折角检验窗口

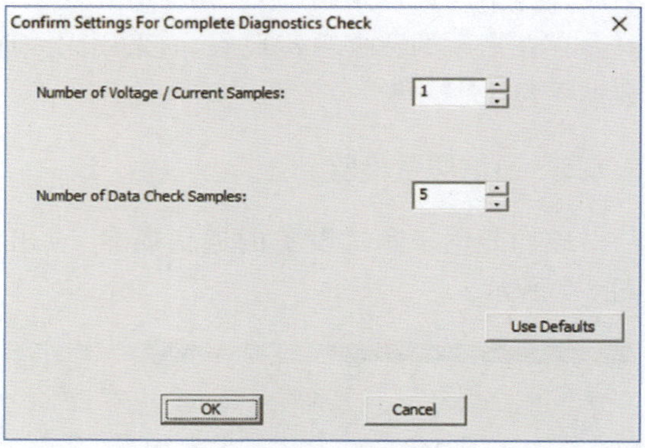

图 8-9 设定诊断参数窗口

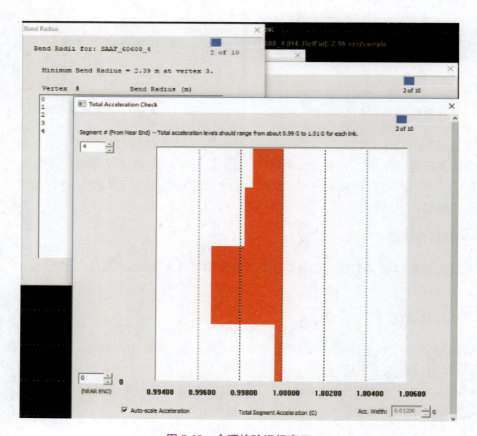

图 8-10 全项检验运行窗口

由于诊断项目多，根据设备长度不同，时间可能不同。当诊断程序执行完毕，将会自动弹出诊断结果窗口，如图 8-11 所示，请务必勾选下面的"Save text report file"，并点击"Browse"选择文件保存路径。

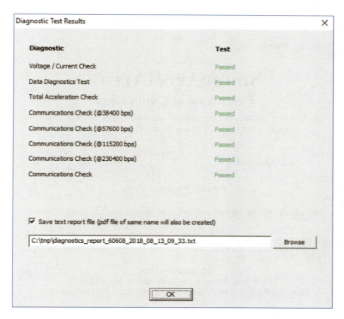

图 8-11　诊断结果窗口

8.1.8　内外符合精度检验

1. 内符合精度检验

将 SAA 顺直平铺在地面上，确保周围没有任何振动等干扰的情况下，按照 10 min 间隔连续记录 24 h 数据，统计每个节点的标准差，将其与附录 B 中的"短期相对精度"进行比对。

2. 外符合精度检验

（1）将 SAA 顺直水平铺在地面上。

（2）确保周围没有任何振动等干扰的情况下，第一次连续读取 10 组数据的平均值作为基准值。

（3）随机在 10 个不同关节下面塞上 0.25 mm、0.3 mm、0.4 mm、0.5 mm、0.6 mm、0.7 mm、0.8 mm、0.85 mm、0.9 mm、1 mm 厚度的塞尺，第二次连续读取 10 组数据，先将每个节点的均值与基准值求差，再与塞尺值求差，统计双差的标准差，将其与附录 B 中的"短期相对精度"进行比对。

（4）将所有塞尺均去除，第三次连续读取 10 组数据，计算当前值与基准值的差，统计该差的标准差，将其与附录 B 中的"短期相对精度"进行比对。

8.2　设备标定

SAA 设备出厂前，已经完成传感器的各项标定，并形成 cal 标定文件，同时随设备提供出厂检定证书,如图 8-12～图 8-14 所示。设备到达现场后,通常情况下无需再进行现场标定。如遇特殊情况需现场标定,可按照如下步骤开展:单传感器标定、整体扭转标定、整体水平标定、局部垂向标定。

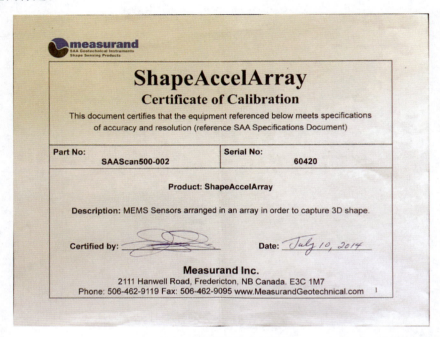

图 8-12　SAA 出厂检定证书(首页)

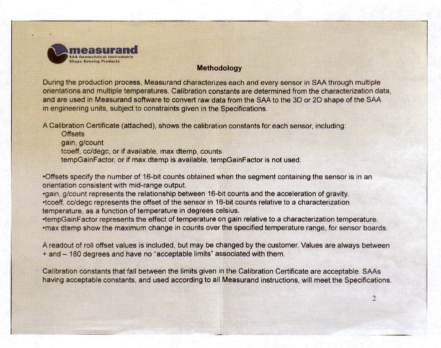

图 8-13　SAA 出厂检定证书(说明页)

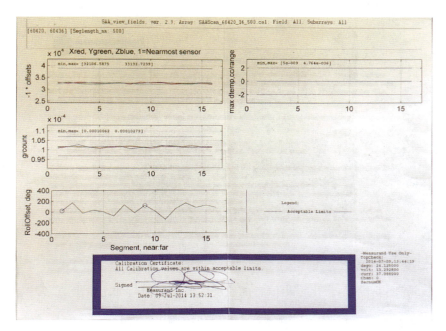

图 8-14　SAA 出厂检定证书(指标页)

8.2.1　单传感器标定

对于单个节段内的加速度计模组,其主要误差为零位误差、比例系数误差、安装误差及轴间非正交误差等。零位误差和比例系数误差是影响其精度的主要因素,并且随时间环境而变化。安装误差和轴间非正交误差在长时间内不会产生较大的变化,并且可通过提高安装和制造工艺来减弱影响。根据上述加速度计误差形成的特点,将传感器输出误差数学模型表示为

$$\begin{bmatrix} D_x \\ D_y \\ D_z \end{bmatrix} = \begin{bmatrix} S_x & K_{xy} & K_{xz} \\ K_{yx} & S_y & K_{yz} \\ K_{zx} & K_{zy} & S_z \end{bmatrix} \begin{bmatrix} M_x \\ M_y \\ M_z \end{bmatrix} + \begin{bmatrix} B_x \\ B_y \\ B_z \end{bmatrix} \tag{8-1}$$

式中　D——加速度的测量值;
　　　M——传感器真值;
　　　B——零偏;
　　　S——比例因子;
　　　K——安装误差系数。

B 和 S 会随温度变化,但在对应温度区间下近似固定值。

单个加速度计的标定通常采用基于重力的多位置翻滚标定法,有六位置、十位置、十二位置等方法,均根据确定位置的理论加速度和传感器的测量值来解算数字模型中的未知量。以 ADXL203+ADXL103 共同组成 3 轴加速度计为例,使用 16 位 ADC,采用六位置标定法,将电路板集中固定在一个标准框架内,如图 8-15 所示。

在标准环境条件下,将标准框架固定在三维转台上,接通电源后预热一定时间,将转台转到第 1 个位置,设置一定采样间隔时间和采用次数,取各轴平均值作为该位置时的加速度计输

图 8-15　单个加速度计的标准框架标定

出值。依次转到 2～6 位置，得出输出值。加速度计各轴取向与理论输出值见表 8-1。

表 8-1　加速度计各轴取向与理论输出值

位置	敏感轴取向			理论输出值（count）		
	x 轴	y 轴	z 轴	x 轴	y 轴	z 轴
1	左	上	前	32 768.0（0g）	19 660.8（−1g）	32 768.0
2	左	后	上	32 768.0	32 768.0	19 660.8（−1g）
3	下	左	前	45 875.2（1g）	32 768.0	32 768.0
4	右	下	前	32 768.0	45 875.2（1g）	32 768.0
5	上	右	前	19 660.8（−1g）	32 768.0	32 768.0
6	前	右	下	32 768.0	32 768.0	45 875.2（1g）

由于存在误差，实际输出值与表 8-1 中的理论值之间存在偏差，以 X 轴为例，式(8-1)中对应系数解算公式为

$$B_x = (D_{x1} + D_{x2} + D_{x4} + D_{x6})/4$$
$$S_x = (D_{x3} - D_{x5})/2$$
$$K_{xy} = (D_{x4} - D_{x1})/2$$
$$K_{xz} = (D_{x6} - D_{x2})/2$$

式中，D_{xi} 分别对应表 8-1 中的位置 1～6。

单节段的标定系数求出后，存入 *.cal 文件，作为出厂标定参数的一部分。设备出厂到达工地后，无需再进行标定。

8.2.2　整体扭转标定

将多个加速度计模组串联封装形成 SAA 后，应进行扭转角参数标定，具体原理可参照第 3 章 3.4.2 "多个节段工作原理"，标定使用 SAARecorder 软件，按照如下步骤操作：

（1）将 SAA 的 X-Mark 垂直朝上，整体顺直地水平静置一段时间，确保关节间无轴向

扭转。

（2）将 SAA 与电脑进行连接，使用外部稳定电源供电。

（3）打开 SAARecorder 软件，进入菜单"Calibrations—Roll calibration"，弹出界面如图 8-16 所示。

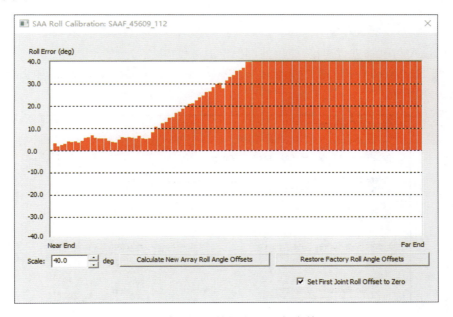

图 8-16　整体扭转标定界面（标定前）

（4）点击"Calculate New Array Roll Angle Offsets"按钮，进行扭转标定后，界面如图 8-17 所示。

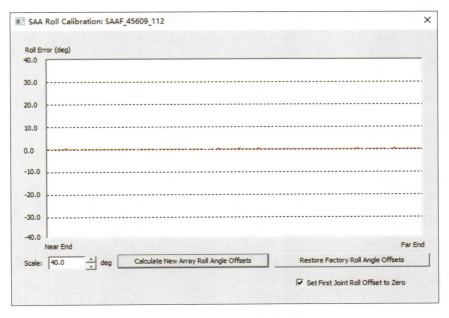

图 8-17　整体扭转标定界面（标定后）

(5)若要恢复出厂标定参数,可点击"Restore Factory Roll Angle Offsets"按钮。

8.2.3 整体水平标定

若将 SAA 用于绝对水平精确量测,需要进行整体水平标定,可按照如下步骤操作:

(1)将 SAA 的 X-Mark 垂直朝上,整体顺直地水平静置一段时间,确保关节间无轴向扭转。

(2)将 SAA 与电脑进行连接,使用外部稳定电源供电。

(3)打开 SAARecorder 软件,进入菜单"Calibrations—Adcanced-Horizontal Calibration",弹出界面如图 8-18 所示。

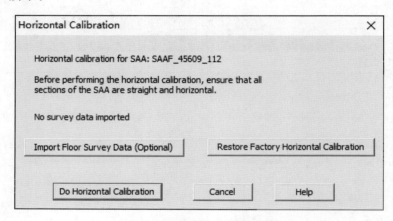

图 8-18 整体水平标定界面

(4)若要提高 SAA 水平标定精度,可提前将放置的 SAA 平台使用其他精确传感器进行标定,编辑形成"Floor Survey Data"文件,在图 8-18 界面进行导入。

(5)点击"Do Horizontal Calibration",软件自动将标定参数写入 cal 文件。

(6)恢复出厂标定文件,可点击图 8-18 中"Restore Factory Horizontal Calibration"按钮。

8.2.4 局部垂向标定

若将 SAA 用于绝对垂向精确量测,需要进行垂向标定,可按照如下步骤操作:

(1)将需要标定的节段垂直固定稳妥。

(2)将 SAA 与电脑进行连接,使用外部稳定电源供电。

(3)打开 SAARecorder 软件,进入菜单"Calibrations—Adcanced-Vertical Calibration",弹出界面如图 8-19 所示。

(4)考虑 SAA 较长时,很难做到整体垂直固定,软件提供了整体和分段标定功能,在"Select Region to Calibrate"中选择需要标定的节段,然后点击下方"OK"按钮,标定参数自动存入 cal 文件。

(5)为了验证标定参数,可通过菜单"Data and graphs—Numeric data"查看,如图 8-20 所示,X、Y、Z 坐标均被重置。

(6)恢复出厂标定文件,可通过菜单"Calibrations—Adcanced-Load previous vertical calibration",在图 8-21 所示界面选择"Factory Default"进行重置。

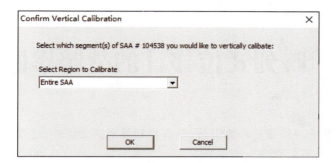

图 8-19　整体垂向标定界面

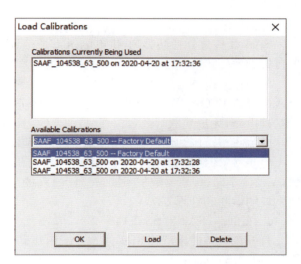

图 8-20　垂向标定后显示　　　　图 8-21　垂向标定出厂重置界面

第 9 章 阵列式位移计的故障诊断及排查

阵列式位移计作为一种新型传感设备,受自身和外界因素影响,在使用过程中难免会出现一些意料之外的故障,下面列举几个主要方面。

9.1 供电故障

SAA 受传感器特性影响,供电电压不足是近些年出现问题最多的影响因素,也是现场故障排查的第一步。

电压正常范围通常为 10.5~17 V。当诊断文件*_SAA_DIAGNOSTICS.dat 中电压值(SAA1_SAATOP_VOLTAGE)大于 1 000 V 时,说明电压严重不足,目前仅能激活 SAA 中的基础电路,无法获取有效数据,此时的真实电压远低于 10.5 V。

电流正常范围为出厂标定值的±15%偏差内。超出此范围,说明传感器供电存在异常。

每条 SAA 出厂标定文件(*.cal)中均提供了该设备的出厂标准电压、电流数值,由于 SAA 长度不同,传感器数量不同,每条 SAA 的出厂标准电压、电流也不尽相同。下面以几个实例说明诊断和处理方法。

1. 实例一:SAAF(SN:1148**)

打开该设备的出厂标定文件 SAAF_1148**_104_500.cal,查询其中 voltage 和 current 字段,得到信息如下:

[saa_top]
measurement_time(yyyy-mm-dd,hh:mm:ss) 2016-04-20,10:50:18
top_temperature 21.437500
voltage 13.292800
current 402.220000

该条 SAA 的标准电压为 13.29 V,电流为 402.22 mA。

打开该设备的诊断文件*_SAA_DIAGNOSTICS.dat,绘制其电压和电流时间曲线,如图 9-1、图 9-2 所示。

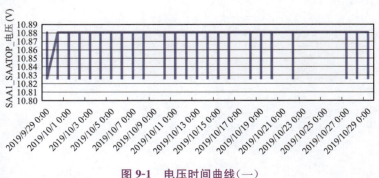

图 9-1 电压时间曲线(一)

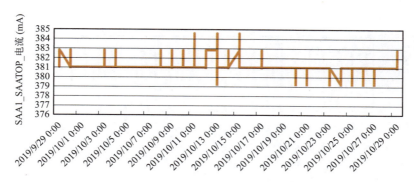

图 9-2　电流时间曲线(二)

通过电压、电流时间曲线诊断,该设备供电电压和电流均低于出厂标定值,建议更换供电系统。

2. 实例二:SAAF(SN:1149＊＊)

打开该设备的出厂标定文件 SAAF_1149＊＊_120_500.cal,查询其中 voltage 和 current 字段,得到信息如下:

[saa_top]

measurement_time(yyyy-mm-dd,hh:mm:ss) 2016-04-27,15:01:46

top_temperature 19.312500

voltage 11.309600

current 460.564000

该条 SAA 的标准电压为 11.3 V,电流为 460.5 mA。

打开该设备的诊断文件＊_SAA_DIAGNOSTICS.dat,绘制其电压和电流时间曲线,如图 9-3、图 9-4 所示。

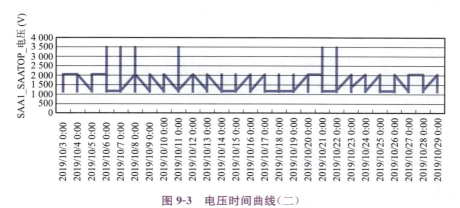

图 9-3　电压时间曲线(二)

该设备电压大于 1 000 V,说明当前供电电压和电流远低于出厂标定值,建议更换供电系统。

3. 实例三:SAAF(SN:9869＊＊)

打开该设备的出厂标定文件 SAAF_986＊＊_80_500.cal,查询其中 voltage 和 current 字段,得到信息如下:

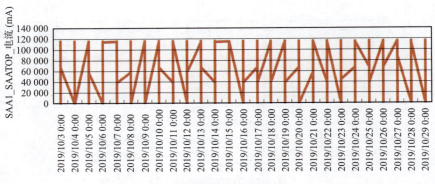

图 9-4　电流时间曲线(二)

[saa_top]

measurement_time(yyyy-mm-dd,hh:mm:ss) 2015-11-27,09:55:18

top_temperature 21.125000

voltage 13.024800

current 331.840000

该条 SAA 的标准电压为 13.0 V,电流为 331.8 mA。

打开该设备的诊断文件*_SAA_DIAGNOSTICS.dat,绘制其电压和电流时间曲线,如图 9-5、图 9-6 所示。

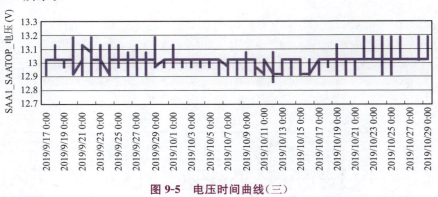

图 9-5　电压时间曲线(三)

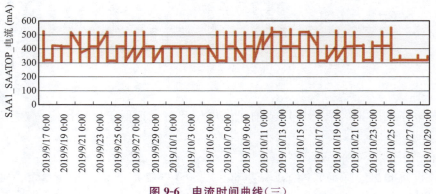

图 9-6　电流时间曲线(三)

该设备电流波动大,建议优化供电和通信布线,更换供电系统。

9.2 线缆故障

由于 SAA 各传感器间采用串联结构,若其中某些位置出现短路或断路,将会直接影响设备性能,可用万用表对 SAA 出线端的白、蓝、红、黑、银共 5 条电缆进行电阻量测,如图 9-7 所示。

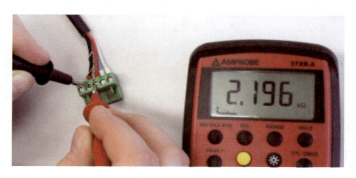

图 9-7　用万用表进行电阻量测

正常情况下,黑—白、黑—蓝、黑—红这三对线缆间的电阻为 1～20 kΩ,若实测值低于 50 Ω,说明存在短路;若实测值高于 20 kΩ,说明存在断路。当出现异常值时,应首先排查标配的 15 m 外接线缆是否存在破损。若确认为 SAA 内部的问题,建议尽快返厂维修。黑—银(屏蔽线)之间为通路,电阻应小于 0.1 kΩ。

当线缆存在破损或线缆接头存在虚接等情况时,也会导致 SAA 数据异常。此时,虽然 Logger 供电电压大于 12 V,但经衰减后,SAATop 实际供电电压仅为约 9.4 V,电压不足致使采集到数据出现异常。

9.3 数据异常

设备发生故障后,将会使原始数据包含粗差,通过对其进行识别和剔除,可以有效避免成果的错误。原始数值中的粗差主要包含限内粗差和限外粗差两种,因 SAA 使用 16 位模数转换器,CR*00Series_SAA1_DATA.dat 中 X、Y、Z 三轴的原始数值(SAA1_ACC_VALUES(*,*))应该在 10 000～60 000 范围内。当数值处于该范围内,产生的粗差成为限内粗差;当数值处于该范围外,成为限外粗差。下面通过实例进行诊断。

1. 限外粗差

限外粗差的诊断比较简单,可以使用官方提供的"SAACR_DataChecker(Check Logger Data)"软件或自行编程进行识别和剔除,启动软件界面如图 9-8 所示。

单击软件左上角的"Open Data File(s)",选择要检查的原始 dat 文件,进入数据诊断界面。界面中的诊断图分三部分,自左向右依次为 X 轴原始数据(X-Axis Data)、Y 轴原始数据(Y-Axis Data)和 Z 轴原始数据(Z-Axis Data)。竖轴为传感器编号,最上部为出线端,从 1 开

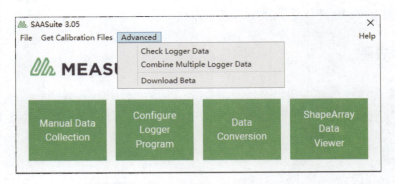

图 9-8　启动 Check Logger Data 软件

始向远端累计增大,横轴为时间。最右侧为图例,10 000~60 000 为颜色渐变,超出该范围为黑色,说明数据存在异常。下面分别看一下图 9-1~图 9-6 对应实例的图形。

在诊断图 9-9 中,大约 10~104 号传感器数据全部为黑色块,说明数据异常。结合图 9-1 进行初步判断,由于实际供电电压 10.8 V 小于出厂标准电压 13.2 V,仅靠近出线端的 1~9 号传感器得以足够供电,获取到正确数据,10~104 号传感器由于无法得到足够供电而获取到错误的数据。

图 9-9　"图 9-1"实例数据诊断图

在诊断图 9-10 中,全部传感器数据均为黑色块,说明设备整体异常。结合图 9-3 进行初步判断,该设备电压大于 1 000 V,说明当前供电电压和电流远低于出厂标定值,所有传感器均无法获取数据。

图 9-10 "图 9-3"实例数据诊断图

在诊断图 9-11 中,部分传感器数据为黑色块,结合图 9-6 进行初步判断,由于电流波动过大,致使模数转换器采集到的数据出现异常,部分传感器在一段时间内出现异常。该异常也可

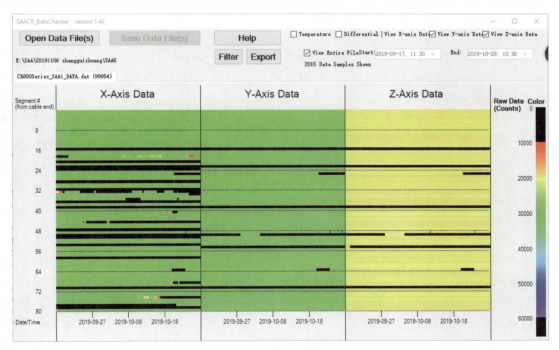

图 9-11 "图 9-5"实例数据诊断图

能是由于部分传感器模组电路出现故障,引起电流波动,具体原因需返厂进行进一步诊断。由于该 SAA 中包含三个磁力计,因此在竖轴中大概 16、40、72 的位置,各出现一个黑色横条带,可以通过窗口右上角"Hide Magnetometer Data"的勾选进行隐藏。

在诊断图 9-12 中,没有出现黑色图块,说明所有传感器数据不存在限外粗差。

图 9-12 正常数据诊断图

针对图 9-9~图 9-11 中的限外粗差,可以使用 SAACR_DataChecker 软件中的"Filter"功能进行剔除。如图 9-13 所示,使用"Remove Bad/Invalid Data"可以进行限外粗差的剔除。"Remove Records with Low Voltage"将结合诊断文件*_SAA_DIAGNOSTICS.dat 对低电压下采集的原始数据进行剔除。"Select Data"可以进行数据的任意剔除。数据剔除后,会生成新的 dat 文件,并将原 dat 文件进行备份。

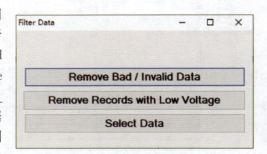

图 9-13 粗差剔除功能窗口

2. 限内粗差

限内粗差是指原始数据数值处于 10 000~60 000 范围内的粗差,也可称为数据漂移。该粗差的显著特点是只有其中一个轴的数据出现变化,其他两个轴均无变化。该项粗差通过如图 9-14 所示的常规诊断图无法进行直观辨别,需要使用差分模式,通过点选窗口右上角的"Differential",按照默认 100 进行设置,出现如图 9-15 所示的差分诊断图。结合诊断图和原始数据,可以明显看到在 36 号传感器,其 X 轴数据(31 128.12)在时间维度出现了明显突变,而 Y、Z 轴均无明显变化,说明 X 轴数据发生了漂移。

第9章 阵列式位移计的故障诊断及排查 | 129

图 9-14 常规诊断图

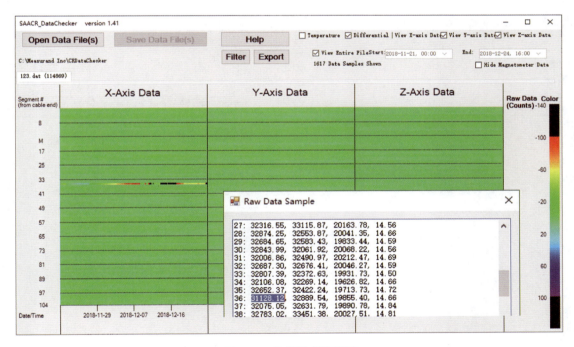

图 9-15 差分模式诊断图

对于该项粗差,可以自行编程,将本期数据与上一期进行对比,如果只有单轴数据变化超过 40,说明很可能发生了漂移,可以暂时忽略本期数据,待后续数据补充后进行滤波处理。官方软件 SAACR_Raw2Data 同样提供了探测修复功能,在第 5 章图 5-22 界面,点击"Adjustment"按键,弹出如图 9-16 所示界面,其中"Bias Shift"为漂移修正,不管是否勾选,此项修正自动开启。Anti-rotation 为扭转修正，建议不要在这里开启。先用未修正成果，在 SAAView 中进行综合辨别后进行修正开启，再次 SAACR_Raw2Data 转换时，通过窗口下方的"Import From SAAView"进行导入。当 SAAV 采用 Zigzag 方式安装时，勾选 Cyclical。当水平安装模式，两端均作为基准点时，勾选 Zero-Ends。

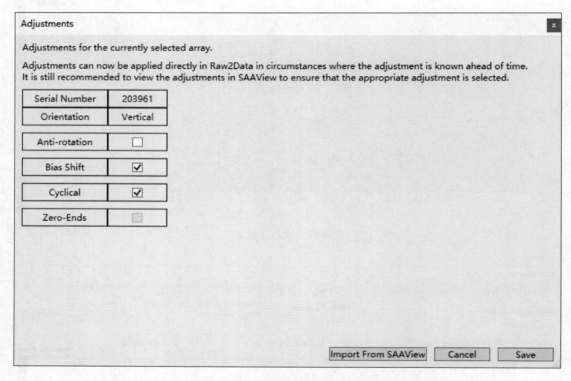

图 9-16　SAACR_Raw2Data 软件 Adjustment 功能窗口

第 10 章　阵列式位移计的项目案例

阵列式位移计已经广泛应用于世界几十个国家,累计应用超过 10 000 m,下面针对竖向、横向及收敛三种工作模式分别介绍项目案例。

10.1　横向工作模式项目实例

横向工作模式主要用于桥梁、路基、隧道等项目的同一断面上不同测点间的差异沉降监测。国内某高铁项目,需监测各桥墩相对于基准桥墩的绝对沉降以及相邻桥墩的差异沉降。现场采用 SAA+PVC 布设方式,将其整体埋入地面以下 0.3 m,在桥墩处采用骑马箍将 SAA 固定,确保该处 SAA 与桥墩的垂直位移一致。该项目案例监测长度累计 300 m,分三个段落,分别为桥墩 17 号~19 号、23 号~25 号及 44 号~49 号,采用 75 m+75 m+150 m 共三条 SAAV,如图 10-1 所示。

图 10-1　桥墩沉降监测项目实例图

桥墩 23 号~25 号之间为 32 m 简支梁,安装 1 条 75 m SAAV。以 25 号墩为基准点,得到 23 号和 24 号墩相对于 25 号墩的差异沉降变化。如图 10-2 所示,上面的图为沿里程方向 0.5 m 间距点的沉降值,从图中可以看到,SAA 在地面沟槽回填后产生了最大约 20 mm 沉降。24 号桥墩处,SAA 沉降变形时间曲线如图 10-2 中下面的图,横轴时间从 2019 年 9 月 29 日至 2020 年 2 月 14 日,最大沉降值为 0.37 mm,中误差为 0.11 mm。

桥墩 44 号~49 号之间包含简支梁和连续梁,安装 1 条 150 m SAAV。以两端的 44 号和 49 号墩为基准点,平差得到 45 号~48 号墩沉降值。如图 10-3 所示,47 号墩处,SAA 沉降变形时间曲线如图 10-3 中下面的图,横轴时间从 2020 年 4 月 10 日至 2020 年 5 月 10 日,最大沉降值为 0.64 mm,中误差为 0.23 mm。

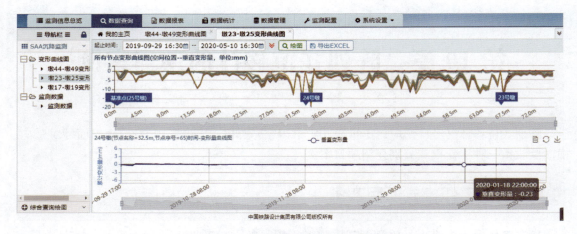

图 10-2　23 号～25 号桥墩区间沉降曲线

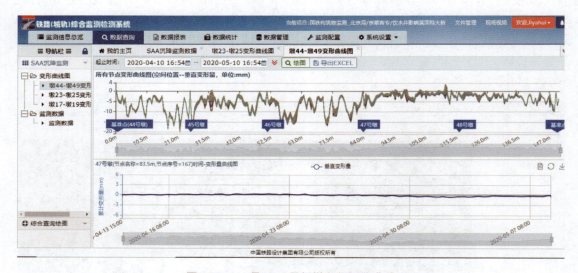

图 10-3　44 号～49 号桥墩区间沉降曲线

通过本案例数据分析，可以得出 SAA 横向工作模式的长期精度还是非常高的，150 m 的精度小于 0.3 mm，能够满足高铁沉降监测要求。

10.2　竖向工作模式项目实例

竖向工作模式主要用于滑坡、基坑围护结构等项目的深层水平位移监测。国内某铁路项目，高边坡施工导致了邻近山体的滑坡变形，将 3 条长度为 24 m 的 SAAF 竖向安装于测孔内，实时监测滑坡变形，确定滑动面位置。项目实例如图 10-4 所示，图中红色实心圆点为 SAA 安装位置。其中 SAA_2 号监测点变形曲线如图 10-5 所示，距离地面以下 6 m 为滑动面位置，最大变形约 51 mm。

图 10-4　滑坡监测项目实例图

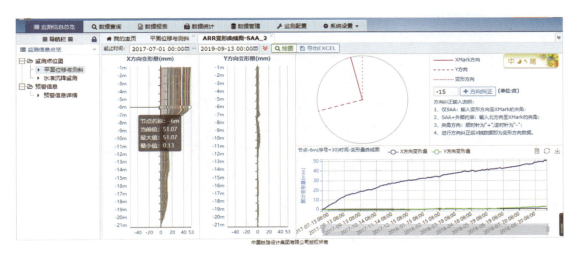

图 10-5　深层水平位移变形图

10.3　收敛工作模式项目实例

收敛工作模式主要用于隧道工程的收敛、拱顶下沉等监控量测。国内某高铁项目,隧道围岩级别Ⅴ级以上占比大,为了确保人身安全,需对掌子面段落初期支护进行实时监控量测,传统手段受现场粉尘、振动、限界等现场条件影响,无法满足应用需求。阵列式位移计穿入PVC管后,被骑马箍固定在初期支护上,如图10-6、图10-7所示。

结合现场需求,笔者所在单位开发了TunMos_SAA数据处理系统(图10-8),实现了SAA量测数据的采集、传输、转换、入库及图形显示等功能,为该设备国内推广应用提供了技术支持。系统主要功能如图10-9～图10-11所示。

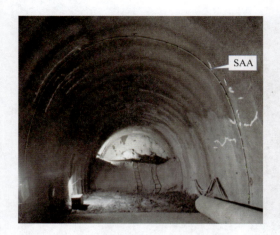

图 10-6　隧道监控量测现场实例图

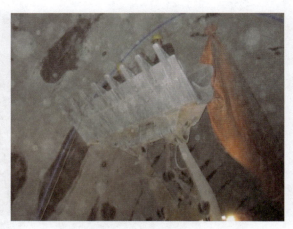

图 10-7　SAA 现场安装图

图 10-8　中国铁设 TunMos_SAA 数据处理系统

查看量测/变形数据

观测数据　变形数据

	点号 点对	变形 类型	观测值 (mm)	观测值修 正值(m...	本次 变形量	本次变形 量修正值	累计 变形量	累计变形 量修正值	间隔 时间	变形 速率	变形速率 修正值
0	6 (SAA_06) <-->...	周边收敛	12663.45	0.00	-0.02	0.00	-0.10	0.00	0天0小时3...	0.00	0.00
1	5 (SAA_05) <-->...	周边收敛	12705.46	0.00	0.11	0.00	0.04	0.00	0天0小时3...	0.00	0.00
2	28 (SAA_28)	拱顶下沉	8489.67	0.00	-0.14	0.00	-0.04	0.00	0天0小时3...	0.00	0.00
3	23 (SAA_23)	拱顶下沉	8481.26	0.00	0.08	0.00	0.03	0.00	0天0小时3...	0.00	0.00
4	22 (SAA_22)	拱顶下沉	8352.79	0.00	0.20	0.00	0.12	0.00	0天0小时3...	0.00	0.00
5	21 (SAA_21) <--...	周边收敛	3934.04	0.00	-0.08	0.00	-0.05	0.00	0天0小时3...	0.00	0.00
6	20 (SAA_20) <--...	周边收敛	4864.34	0.00	-0.12	0.00	0.02	0.00	0天0小时3...	0.00	0.00
7	2 (SAA_02) <-->...	周边收敛	12315.64	0.00	0.07	0.00	-0.61	0.00	0天0小时3...	0.00	0.00
8	19 (SAA_19) <--...	周边收敛	5772.43	0.00	-0.18	0.00	0.01	0.00	0天0小时3...	0.00	0.00
9	18 (SAA_18) <--...	周边收敛	6642.27	0.00	-0.25	0.00	-0.13	0.00	0天0小时3...	0.00	0.00
10	17 (SAA_17) <--...	周边收敛	7463.24	0.00	-0.20	0.00	0.04	0.00	0天0小时3...	0.00	0.00
11	16 (SAA_16) <--...	周边收敛	8242.03	0.00	-0.12	0.00	-0.10	0.00	0天0小时3...	0.00	0.00
12	15 (SAA_15) <--...	周边收敛	8987.70	0.00	-0.08	0.00	0.06	0.00	0天0小时3...	0.00	0.00
13	14 (SAA_14) <--...	周边收敛	9670.52	0.00	-0.06	0.00	0.02	0.00	0天0小时3...	0.00	0.00

说明：收敛/下沉-，扩张/上拱为+，变形量单位为mm，变形速率单位为mm/d　　退出

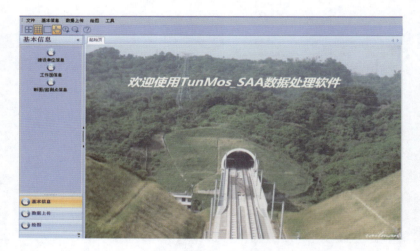

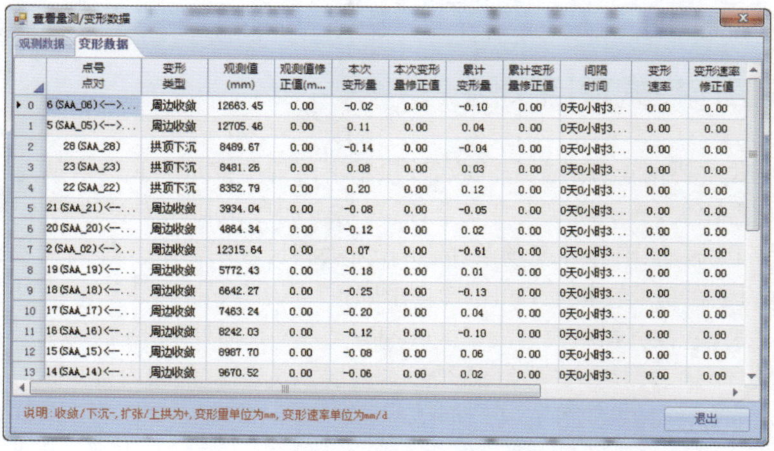

图 10-9　变形数据查询

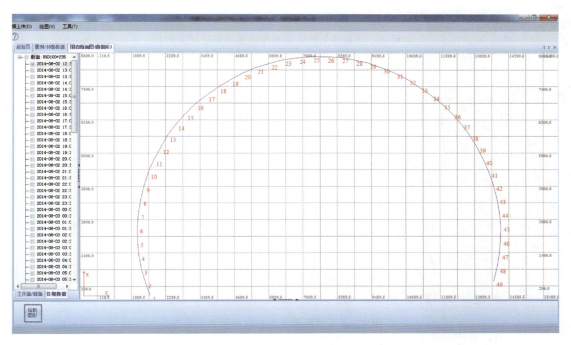

图 10-10　各期观测数据整体图

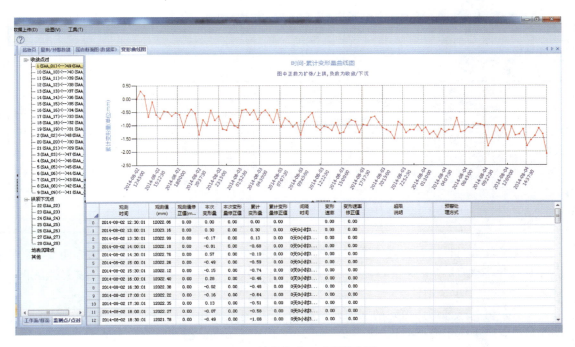

图 10-11　单点位移—时间散点图

将 SAA 同全站仪方式进行功能及投入对比如下：

（1）功能对比

SAA 与全站仪隧道围岩量测系统技术对比见表 10-1。

表 10-1　SAA 与全站仪隧道围岩量测系统技术对比

项　目	全站仪隧道围岩量测系统	SAA 隧道围岩量测系统
精度	1 mm±1 ppm	24 m 长度 SAA 精度优于 1 mm
信息化	量测数据需要到洞外，人工处理后才能上传	量测数据及报警数据自动计算，实时上传
自动化	人工采集，事后计算，人工上传	自动采集，适时计算，自动上传
人员投入	安装测点时需要 2 人，每次量测需要 2 人	安装时需要 4 人，量测时自动采集无需人员参与
通用性	置镜一次可量测多个断面	每套 SAA 只能量测一个断面，每个 CR800 采集器可连接 10 套 SAA
便携性	可搬站移动	安装后不可移动
监测密度	一般监测隧道的特征点	可以监测隧道的全断面
抗干扰性	容易受到干扰	抗干扰能力强，不受洞内粉尘及振动影响

（2）工时投入对比

以 1 个断面量测工作量为比照标准，考虑 SAA 平均 5 d 需要搬移一次，因此按照 5 d 一个监测周期进行对比分析，结果见表 10-2、表 10-3。

表 10-2　正常量测频率人员工时投入测算表

项　目	正常量测频率为 1 次/d											
^	测点或设备安装、调试及搬移				隧道内量测				数据计算、整理、上传				总人工时
^	人员数量	单人工时	作业次数	小计工时	人员数量	单人工时	作业次数	小计工时	人员数量	单人工时	作业次数	小计工时	^
全站仪	2	1	1	2	2	0.5	5	5	1	0.5	5	2.5	9.5
SAA	4	3	1	12	0	0	0	0	0	0	0	0	12

表 10-3　预警期量测频率人员投入测算表

项　目	预警期间量测频率为 2 次/d											
^	测点或设备安装、调试及搬移				隧道内量测				数据计算、整理、上传				总人工时
^	人员数量	单人工时	作业次数	小计工时	人员数量	单人工时	作业次数	小计工时	人员数量	单人工时	作业次数	小计工时	^
全站仪	2	1	1	2	2	0.5	10	10	1	0.5	10	5	17
SAA	4	3	1	12	0	0	0	0	0	0	0	0	12

从功能及工时投入对比可以看出，SAA 在信息化、自动化、适应性等方面优势明显；常规监测频率下，全站仪作业灵活，综合投入明显优于 SAA，但在发生预警后的高频率监测时，SAA 工时投入少于全站仪。

本章介绍了三种工作模式的国内典型案例，并将阵列式位移计与全站仪在隧道监控量测项目上的应用进行了简要对比，更多案例可以登录 Measurand 公司官网进行查看。

参考文献

[1] TB 10601—2009 高速铁路工程测量规范[S]. 北京:中国铁道出版社,2009.

[2] 彭涛,姚伯威. 基于DSP的数字式MEMS加速度传感器ADXL203的设计与应用[J]. 微计算机信息,2006,22(29):308-309,246.

[3] 王继华,彭振斌,杜长学,等. 浅析测斜仪监测原理和应用[J]. 勘察科学技术,2005(2):55-58.

[4] 彭孝东,张铁民,李继宇,等. 三轴数字MEMS加速度计现场标定方法[J]. 振动、测试与诊断,2014(3):544-548.

[5] 宋丽君,秦永元. 微机电加速度计的六位置标定[J]. 传感技术学报,2009,22(11):1557-1561.

[6] 刘宇,余跃,路永乐,等. MEMS加速度计混合误差标定补偿方案[J]. 压电与声光,2018,40(4):589-593.

[7] 段祥玉,蒋伟,杨功流,等. 基于ADIS16488 MEMS IMU标定测试方法研究[J]. 测试技术学报,2018,32(1):13-19.

[8] 鹿麟,林凌,李刚. ADXL203型双轴加速计在倾斜度测量中的应用[J]. 国外电子元器件,2007(7):61-64.

[9] Griffith Christopher, Dare Peter, Danish Lee. Calibration Enhancement of ShapeAccelArray Technology for Long Term Deformation Monitoring Applications[C]//Position Location and Navigation Symposium (PLANS), 2010 IEEE/ION.

[10] Jan Balek. Laboratory Testing of the Precision and Accuracy of the ShapeAccelArray Sensor in Horizontal Installation [C]//International Multidisciplinary Scientific Geoconference Sgem,2016.

[11] Martin Troner, Rudolf Urban, Jan Balek. Test of the Precision and Accuracy of the ShapeAccelArray Sensor[J]. Geoinformatics FCE CTU,2016,15(2):43-58.

[12] Abdoun T, Bennett V, Danisch L. Innovative Sensing for Real-time Health Monitoring of Geostructural Systems[J]. SPIE Newsroom,2007:25-27.

[13] Abdoun T, Bennett V, Dobry R, etc. Full-Scale Laboratory Tests Using a Shape-Acceleration Array System[J]. Geotechnical Earthquake Engineering and Soil Dynamics,2008:1-9. doi:10.1061/40975(318)214.

[14] Beran T, Danisch L, Chrzanowski A, etc. Measurement of Deformations by MEMS Arrays, Verified at Sub-millimetre Level Using Robotic Total Stations[J]. Geoinformatics FCE CTU,2014(12):34-40.

[15] Danisch L, Chrzanowski A, Bond J, etc. Fusion of Geodetic and MEMS Sensors for Integrates Monitoring and Analysis of Deformations [C]//13th FIGInternational Symposium on Deformation Mearurements and Analysis, Lisabon,2008.

[16] Getec K. The Use of Shape Accel Arrays (SAAs) for Measuring Retaining Wall Deflection, http://www.measurandgeotechnical.com/examples_structures.html,2010.

[17] Hendry M T, Martin C D, Barbour S L. Measurement of Cyclic Response of Railway Embankments and Underlying Soft Peat Foundations to Heavy Axle Loads[J]. Canadian Geotechnical Journal,2016(5):467-480.

[18] Fowler, Mark. Inclinometers, the Good, the Bad and the Future. Australian Centre for Geomechanics[Z]. December 2013 Newsletter,pp. 21-24.

[19] 加拿大 Measurand 公司[Z/OL]. https://measurand.com/.

[20] 美国 Campbell Scientific 公司[Z/OL]. https://www.campbellsci.com/.

[21] 美国 DGSI 公司[Z/OL]. https://durhamgeo.com/.

[22] 美国 ADI 公司[Z/OL]. https://www.analog.com/.

附录 A 最大线缆长度查询表

表 A-1 SAAV 最大线缆长度查询表

线缆类型：SKUCABU18（标准配置） 500 mm 刚性节段长度		线缆类型：SKUCABU14（特殊定制） 500 mm 刚性节段长度	
SAAV 总长度 (m)	最大线缆长度 (m)	SAAV 总长度 (m)	最大线缆长度 (m)
12	1 200	12	1 200
16	1 200	16	1 200
20	1 200	20	1 200
24	1 200	24	1 200
28	1 200	28	1 200
32	1 200	32	1 200
36	1 114	36	1 200
40	1 015	40	1 200
44	932	44	1 200
48	862	48	1 200
52	802	52	1 200
56	749	56	1 200
60	703	60	1 200
64	662	64	1 200
68	626	68	1 200
72	594	72	1 200
76	564	76	1 200
80	537	80	1 200
84	504	84	1 200
88	473	88	1 200
92	444	92	1 138
96	418	96	1 070
100	393	100	1 006

表 A-2　SAAX 最大线缆长度查询表

线缆类型：SKUCABU18（标准配置）1 000 mm 刚性节段长度		线缆类型：SKUCABU14（特殊定制）1 000 mm 刚性节段长度	
SAAX 总长度 (m)	最大线缆长度 (m)	SAAX 总长度 (m)	最大线缆长度 (m)
12	1 200	12	1 200
16	1 200	16	1 200
20	1 200	20	1 200
24	1 200	24	1 200
28	1 200	28	1 200
32	1 181	32	1 200
36	1 066	36	1 200
40	970	40	1 200
44	891	44	1 200
48	823	48	1 200
52	765	52	1 200
56	715	56	1 200
60	671	60	1 200
64	632	64	1 200
68	597	68	1 200
72	566	72	1 200
76	538	76	1 200
80	513	80	1 200
84	490	84	1 200
88	469	88	1 200
92	449	92	1 151
96	432	96	1 107
100	410	100	1 049
104	389	104	996
108	369	108	945
112	351	112	898
116	333	116	853
120	317	120	811
124	301	124	771
128	286	128	733
132	272	132	696
136	258	136	661
140	245	140	628

续上表

SAAX 总长度 (m)	最大线缆长度 (m)	SAAX 总长度 (m)	最大线缆长度 (m)
144	233	144	596
148	221	148	566
152	209	152	536
156	198	156	508
160	188	160	481
164	177	164	454
168	167	168	429
172	158	172	404
176	148	176	380
180	139	180	357
184	130	184	334
188	122	188	312
192	114	192	291
196	105	196	270
200	98	200	250

表 A-3 SAAF 最大线缆长度查询表

线缆类型：SKUCABU18（标准配置） 500 mm 刚性节段长度		线缆类型：SKUCABU14（特殊定制） 500 mm 刚性节段长度	
SAAF 总长度 (m)	最大线缆长度 (m)	SAAF 总长度 (m)	最大线缆长度 (m)
12	1 200	12	1 200
16	1 181	16	1 200
20	970	20	1 200
24	823	24	1 200
28	715	28	1 200
32	632	32	1 200
36	566	36	1 200
40	513	40	1 200
44	469	44	1 200
48	431	48	1 105
52	400	52	1 024
56	372	56	954
60	348	60	893
64	331	64	847
68	305	68	782

续上表

SAAF 总长度 (m)	最大线缆长度 (m)	SAAF 总长度 (m)	最大线缆长度 (m)
72	282	72	723
76	261	76	670
80	242	80	621
84	225	84	575
88	208	88	533
92	193	92	494
96	178	96	457
100	165	100	422

表 A-4　SAAScan 最大线缆长度查询表

线缆类型：SKUCABU18（标准配置）500 mm 刚性节段长度		线缆类型：SKUCABU14（特殊定制）500 mm 刚性节段长度	
SAAScan 总长度 (m)	最大线缆长度 (m)	SAAScan 总长度 (m)	最大线缆长度 (m)
12	1 200	12	1 200
16	1 181	16	1 200
20	970	20	1 200
24	823	24	1 200
28	715	28	1 200
32	632	32	1 200
36	566	36	1 200
40	513	40	1 200
44	469	44	1 200
48	431	48	1 105
52	400	52	1 024
56	372	56	954
60	348	60	893
64	331	64	847
68	305	68	782
72	282	72	723
76	261	76	670
80	242	80	621
84	225	84	575
88	208	88	533
92	193	92	494
96	178	96	457
100	165	100	422

附录 B 标称参数表

表 B-1　SAAF 标称参数表

物理参数	
传感节段长度	305 mm、500 mm
单根最大长度	标准 60.96～100 m；超过 100 m 可定制
PEX 管标配长度	1.5 m
线缆标配长度	.15 m
重量	0.6 kg/m
最大承受轴向拉力	3.14 kN
最大承受轴向压力	0.44 kN(在保护管内)；0.21 kN(无保护管)
最小轴向压力(确保柔性关节膨胀)	98 N
柔性关节最大折角	45°
27 mm 内径保护管最小弯曲半径	500 mm：3.5 m；305 mm：2.0 m
设备存放温度	－40 ℃ ～ 60 ℃
设备安装温度	－5 ℃ ～ 60 ℃
设备工作温度	－35 ℃～60 ℃
防水等级	2 MPa(200 m 防水)
电流电压	12 V 直流电，每节传感器 4.2 mA
动态测量性能	
量程	±1.7 G
3 DB 带宽	50 Hz
典型本底噪声	110 μg/$\sqrt{Hz}$
传输速率	SAA232：38.4 ～ 230.4 kb/s
静态测量性能	
MEMS 传感器工作范围	±360°
竖向工作模式	工作范围：相对铅垂线±60°
横向工作模式	工作范围：相对水平面±60°
收敛工作模式	工作范围：相对水平面±180°
长期相对精度	±1.5 mm(32 m 长 SAA)
短期相对精度	±0.5 mm(32 m 长 SAA)
长期测角精度(相对铅垂线±20°范围内)	±0.000 5 rad ＝±0.029°
测角分辨率	±2″

续上表

静态测量性能	
传感节段间扭转误差	±0.25°
传感轴间正交性	±0.1°
传感器可靠工作时长	38 年

表 B-2　SAAV 标称参数表

物理参数	
传感节段长度	250 mm、500 mm
单根最大长度	标准 0.5～150 m；超过 150 m 可定制
PEX 管标配长度	1.5 m
线缆标配长度	15 m
重量	0.6 kg/m
最小轴向压力（确保柔性关节仅靠内壁）	0.29 kN
柔性关节最大折角	90°
设备存放温度	−40 ℃ ～ 60 ℃
设备安装温度	−20 ℃ ～ 60 ℃
设备工作温度	−35 ℃ ～ 60 ℃
防水等级	2 MPa（200 m 防水）
电流电压	12 V 直流电，每节传感器 1.8 mA
静态测量性能	
MEMS 传感器工作范围	±360°
竖向工作模式	工作范围：相对铅垂线±60°
横向工作模式	工作范围：相对水平面±60°
收敛工作模式	工作范围：相对水平面±180°
长期相对精度	±1.5 mm（32 m 长 SAA）
测角分辨率	±1″
传感节段间扭转误差	±0.01°
传感器可靠工作时长	38 年

表 B-3　SAAX 标称参数表

物理参数	
传感节段长度	1 000 mm
单根最大长度	标准 100 m；超过 100 m 可定制
PEX 管标配长度	1.5 m
线缆标配长度	15 m
最大承受轴向拉力	5.39 kN
重量	1 kg/m
最大外径	23 mm

续上表

物理参数	
柔性关节最大折角	70°
设备安装温度	−40 ℃ ~ 60 ℃
防水等级	2 MPa(200 m 防水)
电流电压	12 V 直流电,每节传感器 4.2 mA
弹性回位的最大扭矩	单个柔性关节 2.0 N·m
扭转误差	单个柔性关节 0.5°
动态测量性能	
量程	±1.7 G
3 DB 带宽	50 Hz
典型本底噪声	110 μg/$\sqrt{Hz}$
传输速率	SAA232: 38.4 ~ 230.4 kb/s
静态测量性能	
MEMS 传感器工作范围	±360°
竖向工作模式	工作范围:相对铅垂线±60°
横向工作模式	工作范围:相对水平面±60°
收敛工作模式	工作范围:相对水平面±180°
长期相对精度	±1.5 mm(32 m 长 SAA)
短期相对精度	±0.5 mm(32 m 长 SAA)
绝对形态精度	±10 mm(32 m 长 SAA)
长期测角精度(相对铅垂线±20°范围内)	±0.000 5 rad = ±0.029°
传感节段间扭转误差	±0.01°
传感器可靠工作时长	38 年

表 B-4 SAAScan 标称参数表

物理参数	
传感节段长度	500 mm
单根最大长度	标准 50 m;超过 50 m 可定制
出线端非传感标配长度	8.2 m
线缆标配长度	15 m
最大承受轴向拉力	5.39 kN
重量	1 kg/m
最大外径	23 mm
柔性关节最大折角	70°
设备安装温度	−40 ℃ ~ 60 ℃
防水等级	2 MPa(200 m 防水)
电流电压	12 V 直流电,每节传感器 4.2 mA

续上表

物理参数	
弹性回位的最大扭矩	单个柔性关节 2.0 N·m
扭转误差	单个柔性关节 0.5°
动态测量性能	
量程	±1.7 G
3DB 带宽	50 Hz
典型本底噪声	110 $\mu g/\sqrt{Hz}$
传输速率	SAA232：38.4～230.4 kb/s
静态测量性能	
MEMS 传感器工作范围	±360°
竖向工作模式	工作范围：相对铅垂线±60°
横向工作模式	工作范围：相对水平面±60°
收敛工作模式	工作范围：相对水平面±180°
长期相对精度	±1.5 mm(32 m 长 SAA)
短期相对精度	±0.5 mm(32 m 长 SAA)
绝对形态精度	±10 mm(32 m 长 SAA)
长期测角精度(相对铅垂线±20°范围内)	±0.000 5 rad＝±0.029°
传感节段间扭转误差	±0.01°
传感器可靠工作时长	38 年

附录 C 顶端封口套件清单表

表 C 顶端封口套件清单表

序号	名称	数量	参数	缩略图
1	套管直接接头	1	内径 32 mm,两端直接	
2	UPVC 管	2	外径 32 mm,壁厚 2 mm 一段长 0.15 m,一段长 0.1 m	
3	UPVC 外牙直接 外螺纹接头	1	DN25,国标 32 mm(插口内径); G1″(外螺纹规格)	
4	UPVC 内牙直接 内螺纹接头	1	DN25,国标 32 mm(插口内径); G1″(内螺纹规格)	
5	UPVC 内螺纹接头内丝直接	1	32 mm 内径直通变 6 分内螺纹	
6	螺纹补芯 内牙补芯 内外牙补芯	1	6 分外螺纹变 4 分内螺纹	
7	防水接头、葛兰头	1	M20	

附录 D 阵列式位移计安装日志

单位名称：_____ 项目编号：_____．
项目名称：_____ 测点编号：_____．

人员信息
安装负责人：_____ 联系电话：_____．
钻孔负责人：_____ 联系电话：_____．

安装细节信息
SAA 型号：_____ SAA 序列号：_____ SAA 长度：_____．
钻孔深度：_____ 钻孔直径：_____．
保护管类型：_____ 保护管外径：_____ 保护管内径：_____．
SAA 安装模式：□铅垂 □水平 □收敛 □倾斜（与铅垂线夹角大约_____°）
安装方法：□SAA 和 PVC 一起下入 □PVC 装入测孔后再装入 SAA
　　　　　□SAA＋矫正器装入既有测斜管 □Zigzag 方法 □其他：_____
原装线缆长度：_____ 自行接长线缆型号：_____ 长度：_____．
最终 PEX 管长度（白色管）：□ 接长长度_____ □裁下长度_____ □标配 1.5 m
玻璃纤维杆使用长度：_____ SAA 专用量角器得到的修正角：_____度_____分
拍摄下列照片：□未装入前钻孔顶部 □自接长线缆接头处理方式 □SAA 顶端封闭方式
　　　　　　　□SAA 安装后外露地面 □线缆连接细节 □安装过程 □PVC 管接头处理方式
　　　　　　　□采集箱及太阳能板 □量取修正角时的量角器度盘 □安装后现场实景
　　　　　　　□基准点（参考点）固定后细节
注浆日期：____年____月____日____时____分至____日____时____分 注浆方式：□一次性 □分段
砂浆配合比：_____ 砂浆是否涌出测孔：□是 □否

采集系统
供电方式：□蓄电池 型号：_____ □市电 变压器类型：_____
　　　　　□太阳能板 型号：_____．
采集器类型：□电脑采集 □CR300 □CR800 □其他：_____．
是否配置采集箱：□是 请拍照   □否
是否配备防雷系统：□是 请拍照   □否

附录 E 文件格式样例

E.1 cal 文件格式样例

[meta]
build_date 28-May-2029 13:17:27
cal_ver1 3.8.6
cal_ver2 3.8.6
cal_ver3 2.0
segments 40(本条 SAA 传感器数量)
seglen 500.000000000(本条 SAA 的单个节段长度)
hw SAAV
hw_ver 001

[factory]
segnum 259003 258524 258525 258526 258527 258528 258379 258380 258381 258382 258383 258203 258204 258205 258206 258207 258258 258259 258260 258261 258262 258287 258286 258285 258284 258283 258690 258691 258692 258693 258694 258715 258716 258717 258718 258719 257602 257603 257604 257605(每个节段内传感器的序列号)
class 0 0 0 0 0 0 0 0 0 0 0 0 0 0 0 0 0 0 0 0 0 0 0 0 0 0 0 0 0 0 0 0 0 0 0 0 0 0 0 0(加速度计:0;磁力计:1)
offsets-32723.592753700-32969.806679500-32687.503419000-32590.923806400-32599.552072800-32876.615253700(略)…(零偏)
gains 16257.420148800 16336.869068000 16240.039518700 16028.082166000 16286.157410100 16279.296013900 16112.276909000(略)…
misalign -0.105428900 0.059742700 -0.019717400 -0.037095800 0.177836800 0.069017800 -0.086637900 0.073757400(略)…
btilt-0.093826149 0.105044594-89.801129258 0.091798148 0.731491997-89.176709855 0.437625690 0.485459653-89.076914657(略)…
roll-35.137431-68.713540-12.324708-54.674029-54.104589 151.809813-34.795730 16.007368 4.194013 53.931423(略)…(扭转角)
tchar 1889.040429000 1880.168316800 1866.523102300 1848.139438900 1888.514026400 1846.047029700 1871.910891100(略)…

xz1 0.000007500 -0.000016300 -0.000004300 0.000004900 -0.000007600 -0.000005600 0.000018400 -0.000005600 0.000008300(略)…(安装误差)

xz2 -0.023347100 -0.027992100 0.000753500 -0.025191800 -0.040330700 -0.036876700 -0.011462400 -0.047375700 -0.051929000(略)…(安装误差)

xy1 0.000005300 -0.000013800 -0.000000800 0.000007700 -0.000004600 0.000000500 0.000023300 -0.000002800 0.000006800(略)…(安装误差)

xy2 -0.002206000 -0.042730200 -0.008147400 -0.036609700 -0.049068700 -0.040227400 -0.009543900 -0.036575700(略)…(安装误差)

yx1 -0.000002000 0.000000900 0.000002500 0.000001300 0.000001800 0.000000700 0.000000500 0.000000400 -0.000003700(略)…(安装误差)

yx2 0.003217000 -0.000361000 -0.020189600 -0.007440300 -0.018857500 -0.012704300 0.013451400 0.014968100 -0.005229100(略)…(安装误差)

yz1 0.000001500 0.000002600 0.000004600 0.000001000 0.000007100 -0.000001200 0.000000000 -0.000012900 -0.000002600(略)…(安装误差)

yz2 -0.010063800 0.009472200 -0.009358800 0.003011800 0.002956500 -0.005765700 -0.001676800 -0.007278200 -0.008310600(略)…(安装误差)

zx1 -0.000050300 -0.000005800 -0.000003500 -0.000006700 -0.000006100 0.000005100 -0.000009900 0.000006100 -0.000008600(略)…(安装误差)

zx2 0.008069800 -0.015368600 -0.013634100 -0.005345300 -0.017424100 -0.000069500 -0.004986800 -0.020636200 -0.006912000(略)…(安装误差)

zy1 -0.000058800 -0.000005300 -0.000010500 -0.000008900 -0.000006800 0.000006100 -0.000012200 0.000009600 -0.000007000(略)…

zy2 0.021189300 -0.027492700 -0.026246100 -0.006448000 -0.020185100 -0.001328900 -0.012912400 -0.008797300 0.006458300(略)…

tx1 0.000000000 0.000000000 0.000000000 0.000000000 0.000000000 0.000000000 0.000000000 0.000000000 0.000000000(略)…

tx2 0.000000000 0.000000000 0.000000000 0.000000000 0.000000000 0.000000000 0.000000000 0.000000000 0.000000000(略)…

ty1 0.000000000 0.000000000 0.000000000 0.000000000 0.000000000 0.000000000 0.000000000 0.000000000 0.000000000(略)…

ty2 0.000000000 0.000000000 0.000000000 0.000000000 0.000000000 0.000000000 0.000000000 0.000000000 0.000000000(略)…

tz1 0.000000000 0.000000000 0.000000000 0.000000000 0.000000000 0.000000000 0.000000000 0.000000000 0.000000000(略)…

tz2 0.000000000 0.000000000 0.000000000 0.000000000 0.000000000 0.000000000 0.000000000 0.000000000 0.000000000(略)…

tp1 -0.109253800 -0.111767700 -0.109234300 -0.108542200 -0.110460100 -0.108474500 -0.110552900 -0.108921300(略)…

tp2 229.420796500 231.418595800 225.518642200 222.495749100 230.581091100

222.172646000 229.806852700 223.016616300(略)…

[install]

use_2d_roll 0

azimuth 0.000000000

basepos 0.000000000

constrain 0

[field]

dontuse 0 0 0 0 0 0 0 0 0 0 0 0 0 0 0 0 0 0 0 0 0 0 0 0 0 0 0 0 0 0 0 0 0

ignorelink 0 0 0 0 0 0 0 0 0 0 0 0 0 0 0 0 0 0 0 0 0 0 0 0 0 0 0 0 0 0 0 0 0

roll2 0.000000

displacement_refelevation 0.000000

[saa_top]

measurement_time(yyyy-mm-dd,hh:mm:ss) 2019-05-28,15:51:28

top_temperature 18.875000

voltage 13.292800

current 73.372000

channel 0

use 1

[constraints]

use 0

E.2 rsa 文件格式样例

Version：6.46(SAARecorder 版本)

Date：2016-10-21(当前数据采集日期)

Time：10:04:36.040(当前数据采集时间)

numsubarrays=120(本条 SAA 传感器数量)

Serial Numbers:84261 80846 80856 80826 80816 80836 83410 83400 83390 83380 83370 83413 83403 83393 83383 83373 83418 83428 83438 83448 83458 83419 83429 83439 83449

83459 81350 81471 81501 81511 81531 81354 81475 81505 81515 81535 81360 81380 81400 81410 81370 81362 81564 81402 81412 81372 81364 81384 81404 81414 81374 81365 81385 81405 81107 81375 81757 81727 81732 81747 81761 81911 81879 81931 81891 81901 81912 81922 81932 81892 81902 81913 81923 81934 81893 81903 80391 80351 82146 80422 80432 80852 80862 80747 80830 80842 80854 80864 80749 80832 80844 80885 80805 80895 80878 80905 80887 81106 80897 80880 80907 80756 80766 80776 80786 80796 83416 83426 83436 83446 83456 84199 84164 84174 84184 84194 84275 84285 84295 84307（本条 SAA 每个节段内传感器的序列号，顺序从出线端开始逐个排列，最靠近出线端传感器的序列号为整条 SAA 的序列号）

  pnp_84261.cal[meta]（出厂标定文件）
  build_date 08-Sep-2015 12:58:24（出厂标定日期）
  cal_ver1 2.4.0（出厂标定软件版本）
  cal_ver2 2.4.0（出厂标定软件版本）
  cal_ver3 2.0（出厂标定软件版本）
  segments 120（本条 SAA 传感器数量）
  seglen 500.000000000（本条 SAA 的单个节段长度）

  [factory]（出厂标定参数）
  segnum 84261 80846 80856 80826 80816 80836 83410 83400 83390 83380 83370 83413 83403 83393 83383 83373 83418 83428（略）…（序列号）
  class 0 0 0 0 0 0 0 0 0 0 0 0 0 0 0 0 0 0 0 0 0 0 0 0 0 0 0 0 0 0 0 0 0 0 0 0 0 0 0 0 0 0 0 0 0 0 0 0 0 0 0 0 0 0 0 0 0（略）…（加速度计:0；磁力计:1）
  offsets -32851.153955574 -32121.649326140 -32370.399769014 -32797.756589568 -32309.930651730 -32628.833468003 -32585.768206290（略）…（零偏）
  gains 12804.265431073 12909.010978825 12835.259251815 12674.870969183 12732.542659758 12738.936842296 12724.785769583 12721.433788461（略）…
  misalign -0.467294145 0.048681347 0.092170883 0.574983967 0.248745957 0.115375771 0.280137450 0.464047698 0.076052079 0.048902497（略）…
  btilt -0.219511559 -0.481474654 -89.471162975 -0.861646196 -0.459451520 -89.023321479 -0.226280023 -0.885285692 -89.086220556（略）…
  roll 34.778969 65.406443 156.153751 0.090785 43.318676 -175.377532 174.182725 81.497593 24.316434 -74.150290 -30.131255 133.702882（略）…（扭转角）
  tchar 21.498092241 23.374149373 23.256033644 23.185463333 22.737366172 23.360793347 24.334339112 24.000490129 23.416950528（略）…
  xz1 -0.001839143 -0.003826945 -0.003040522 -0.004126136 -0.001341147 0.003073608 -0.011864665 -0.006856103 0.001193596 -0.003171326 -0.003510495（略）…（安装误差）
  xz2 1.237947127 3.041773181 0.708151810 1.636087655 1.379180339 -0.300534312 2.888307643 2.093981153 2.697234242 -1.037129895 0.495754986（略）…（安装误差）
  xy1 0.001138405 -0.003499687 0.000387927 -0.004835983 -0.001100012 0.004369255

-0.010635520 -0.006666558 0.002637371 -0.002687635 -0.001153251（略）…（安装误差）
　　xy2 0.690684188 2.861375291 0.491700121 1.551767240 1.448516842 -0.404936165 2.629063683 2.161664753 2.458867923 -1.006909136 0.423642167（略）…（安装误差）
　　yx1 0.002030319 0.002143748 -0.009810442 -0.005686979 0.000877979 -0.001084682 -0.008099498 0.001447003 0.001637920 -0.005776986 0.001159616 0.003761314 -0.001425045 -0.005966867 0.001686361 -0.007272183 0.000671057 0.002097299 0.002823734（略）…（安装误差）
　　yx2 2.484525314 5.985006697 -1.569538266 2.780169235 4.103819956 -0.952780090 1.084692806 1.876374708 4.207391485 0.528440645 2.559128101（略）…（安装误差）
　　yz1 0.001233457 0.001630879 -0.009674938 -0.004122787 -0.000051584 -0.000162974 -0.008985185 0.000696828 0.000416834 -0.007111836 -0.000208462（略）…（安装误差）
　　yz2 2.401007155 5.944949201 -1.564598045 2.765405269 4.010644005 -0.985476092 1.037914526 1.884991467 4.216668514 0.390748120 2.497723163（略）…（安装误差）
　　zx1 -0.000271046 0.001675849 -0.006752123 -0.001689508 -0.002636397 0.000522318 -0.005427006 -0.002738346 -0.002111306 0.000325161 -0.003736104（略）…（安装误差）
　　zx2 3.040073983 0.564379787 1.974168563 2.218928435 2.476170142 0.324939672 2.458749185 3.084165073 2.329002547 1.709028286 1.803668051（略）…（安装误差）
　　zy1 0.001829751 0.001437974 -0.004767765 -0.000141266 -0.004124069 0.001387876 -0.004192458 -0.002533651 -0.001746227 0.000395686 -0.003302475（略）…（安装误差）
　　zy2 2.487612112 0.395809602 1.790878558 2.107636283 2.468198241 0.084065551 2.288233673 3.053426683 2.172492596 1.569181588 1.547414187（略）…（安装误差）
　　tx1 0.000000000 0.000000000 0.000000000 0.000000000 0.000000000 0.000000000 0.000000000 0.000000000 0.000000000 0.000000000 0.000000000（略）…
　　tx2 0.000000000 0.000000000 0.000000000 0.000000000 0.000000000 0.000000000 0.000000000 0.000000000 0.000000000 0.000000000 0.000000000（略）…
　　ty1 0.000000000 0.000000000 0.000000000 0.000000000 0.000000000 0.000000000 0.000000000 0.000000000 0.000000000 0.000000000 0.000000000（略）…
　　ty2 0.000000000 0.000000000 0.000000000 0.000000000 0.000000000 0.000000000 0.000000000 0.000000000 0.000000000 0.000000000 0.000000000（略）…
　　tz1 0.000000000 0.000000000 0.000000000 0.000000000 0.000000000 0.000000000 0.000000000 0.000000000 0.000000000 0.000000000 0.000000000（略）…
　　tz2 0.000000000 0.000000000 0.000000000 0.000000000 0.000000000 0.000000000 0.000000000 0.000000000 0.000000000 0.000000000 0.000000000（略）…

[install]（工作模式及基准点）
use_2d_roll 0
azimuth 0.000000
basepos 0.000000 0.000000 0.000000
constrain 0

[field]（节段关闭及忽略）
dontuse 0 0 0 0 0 0 0 0 0 0 0 0 0 0 0 0 0 0 0 0 0 0 0 0 0 0 0 0 0 0 0 0 0 0 0 0 0 0 0 0 0 0 0 0 0 0 0 0 0 0 0 0 0 0 0 0 0 0 0 0 0 0 0 0 0 0 0 0 0 0 0 0 0 0 0 0 0 0 0 0 0 0 0 0 0 0 0 0 0 0
ignorelink 0 0 0 0 0 0 0 0 0 0 0 0 0 0 0 0 0 0 0 0 0 0 0 0 0 0 0 0 0 0 0 0 0 0 0 0 0 0 0 0 0 0 0 0 0 0 0 0 0 0 0 0 0 0 0 0 0 0 0 0 0 0 0 0 0 0 0 0 0 0 0 0 0 0 0 0 0 0 0 0 0 0 0 0 0 0 0 0 0 0
roll2 0.000000000 0.000000000 0.000000000 0.000000000 0.000000000 0.000000000 0.000000000 0.000000000 0.000000000 0.000000000 0.000000000（略）…
displacement_refelevation 0.000000
[constraints]
use 0
magforazimuth 0
[saa_top]（SAATOP 传感器数据及采集时间）
measurement_time(yyyy-mm-dd,hh:mm:ss) 2016-10-21,09:43:36（采集时间）
top_temperature 22.000000（温度）
voltage 13.185600（电压）
current 507.520000（电流）
channel 0
use 1
InArrayAveraging:00100（每个数据的采样率，当前 100 代表每采集 100 组数据取一个均值输出）
Binary data follows:（以下为二进制原始数据，显示乱码）

I‰嶼

? 1tl 0 2 堡]
-s&?   ;析
8 0 騑 0   Z d 禰
-s&?   ;? R
（略）…

E.3 _PROJECT_INFO.dat

"TOA5","CR300Series_CRDC_Demo_001","CR300","12399","CR300.Std.07.02","CPU:234381.cr300","24627","PROJECT_INFO"（第一行）
"TIMESTAMP","RECORD","PROGRAM_VERSION_NUM","AVERAGING","PROJECT_NAME","NUMBER_SAAS","NUM_PICS_INDEX","SERIAL_NUMS(1,1)","SERIAL_NUMS(1,2)","SERIAL_NUMS(1,3)","SERIAL_NUMS(1,4)","SERIAL_NUMS(1,5)","SERIAL_NUMS(1,6)","SERIAL_NUMS(1,7)","SERIAL_NUMS(1,8)","SERIAL_NUMS(1,9)","SERIAL_NUMS(1,10)","SERIAL_NUMS(1,11)",

"SERIAL_NUMS(1,12)","SERIAL_NUMS(1,13)","SERIAL_NUMS(1,14)","SERIAL_NUMS(1,15)","SERIAL_NUMS(1,16)","SERIAL_NUMS(1,17)","SERIAL_NUMS(1,18)","SERIAL_NUMS(1,19)","SERIAL_NUMS(1,20)","SERIAL_NUMS(1,21)","SERIAL_NUMS(1,22)","SERIAL_NUMS(1,23)","SERIAL_NUMS(1,24)","SERIAL_NUMS(1,25)","SERIAL_NUMS(1,26)","SERIAL_NUMS(1,27)","SERIAL_NUMS(1,28)","SERIAL_NUMS(1,29)","SERIAL_NUMS(1,30)","SERIAL_NUMS(1,31)","SERIAL_NUMS(1,32)","SERIAL_NUMS(1,33)","SERIAL_NUMS(1,34)","SERIAL_NUMS(1,35)","SERIAL_NUMS(1,36)","SERIAL_NUMS(1,37)","SERIAL_NUMS(1,38)","SERIAL_NUMS(1,39)","SERIAL_NUMS(1,40)","SERIAL_NUMS(1,41)","SERIAL_NUMS(1,42)","SERIAL_NUMS(1,43)","SERIAL_NUMS(1,44)","SERIAL_NUMS(1,45)","SERIAL_NUMS(1,46)","SERIAL_NUMS(1,47)","SERIAL_NUMS(1,48)","SERIAL_NUMS(1,49)"(第二行)

"TS","RN",""(第三行)

"","","Smp"

(第四行)

"2018-12-16 18:50:47",0,3.2,1000,"234381",1,49,234381,235916,235917,235918,235919,235920,235911,235912,235913,235914,235915,235228,235229,235230,235231,235232,236749,236750,236751,236752,236753,236759,236760,236761,236762,236763,235961,235962,235963,235964,235965,234421,234420,234410,234412,234411,237291,237292,237293,237294,237295,237311,237312,237313,237314,237315,234764,234766,234771

(第五行)

"2019-04-29 18:40:29",1,3.2,1000,"234381",1,49,234381,235916,235917,235918,235919,235920,235911,235912,235913,235914,235915,235228,235229,235230,235231,235232,236749,236750,236751,236752,236753,236759,236760,236761,236762,236763,235961,235962,235963,235964,235965,234421,234420,234410,234412,234411,237291,237292,237293,237294,237295,237311,237312,237313,237314,237315,234764,234766,234771

(第六行)

"2019-04-30 09:02:51",2,3.2,1000,"234381",1,49,234381,235916,235917,235918,235919,235920,235911,235912,235913,235914,235915,235228,235229,235230,235231,235232,236749,236750,236751,236752,236753,236759,236760,236761,236762,236763,235961,

235962,235963,235964,235965,234421,234420,234410,234412,234411,237291,237292,237293,237294,237295,237311,237312,237313,237314,237315,234764,234766,234771

（第七行）

（略）…

E.4 _SAA#_DATA.dat

"TOA5","CR300Series-zhengwan","CR300","12399","CR300.Std.07.02","CPU：234381.cr300","24627","SAA1_DATA"（第一行）

"TIMESTAMP","RECORD","SERIAL_NUMS","SAA1_ACC_VALUES(1,1)","SAA1_ACC_VALUES(1,2)","SAA1_ACC_VALUES(1,3)","SAA1_ACC_VALUES(2,1)","SAA1_ACC_VALUES(2,2)","SAA1_ACC_VALUES(2,3)","SAA1_ACC_VALUES(3,1)","SAA1_ACC_VALUES(3,2)","SAA1_ACC_VALUES(3,3)","SAA1_ACC_VALUES(4,1)","SAA1_ACC_VALUES(4,2)","SAA1_ACC_VALUES(4,3)","SAA1_ACC_VALUES(5,1)","SAA1_ACC_VALUES(5,2)","SAA1_ACC_VALUES(5,3)","SAA1_ACC_VALUES(6,1)","SAA1_ACC_VALUES(6,2)","SAA1_ACC_VALUES(6,3)","SAA1_ACC_VALUES(7,1)","SAA1_ACC_VALUES(7,2)","SAA1_ACC_VALUES(7,3)","SAA1_ACC_VALUES(8,1)","SAA1_ACC_VALUES(8,2)","SAA1_ACC_VALUES(8,3)","SAA1_ACC_VALUES(9,1)","SAA1_ACC_VALUES(9,2)","SAA1_ACC_VALUES(9,3)","SAA1_ACC_VALUES(10,1)","SAA1_ACC_VALUES(10,2)","SAA1_ACC_VALUES(10,3)","SAA1_ACC_VALUES(11,1)","SAA1_ACC_VALUES(11,2)","SAA1_ACC_VALUES(11,3)","SAA1_ACC_VALUES(12,1)","SAA1_ACC_VALUES(12,2)","SAA1_ACC_VALUES(12,3)","SAA1_ACC_VALUES(13,1)","SAA1_ACC_VALUES(13,2)","SAA1_ACC_VALUES(13,3)","SAA1_ACC_VALUES(14,1)","SAA1_ACC_VALUES(14,2)","SAA1_ACC_VALUES(14,3)","SAA1_ACC_VALUES(15,1)","SAA1_ACC_VALUES(15,2)","SAA1_ACC_VALUES(15,3)","SAA1_ACC_VALUES(16,1)","SAA1_ACC_VALUES(16,2)","SAA1_ACC_VALUES(16,3)","SAA1_ACC_VALUES(17,1)","SAA1_ACC_VALUES(17,2)","SAA1_ACC_VALUES(17,3)","SAA1_ACC_VALUES(18,1)","SAA1_ACC_VALUES(18,2)","SAA1_ACC_VALUES(18,3)","SAA1_ACC_VALUES(19,1)","SAA1_ACC_VALUES(19,2)","SAA1_ACC_VALUES(19,3)","SAA1_ACC_VALUES(20,1)","SAA1_ACC_VALUES(20,2)","SAA1_ACC_VALUES(20,3)","SAA1_ACC_VALUES(21,1)","SAA1_ACC_VALUES(21,2)","SAA1_ACC_VALUES(21,3)","SAA1_ACC_VALUES(22,1)","SAA1_ACC_VALUES(22,2)","SAA1_ACC_VALUES(22,3)","SAA1_ACC_VALUES(23,1)","SAA1_ACC_VALUES(23,2)","SAA1_ACC_VALUES(23,3)","SAA1_ACC_VALUES(24,1)","SAA1_ACC_VALUES(24,2)","SAA1_ACC_VALUES(24,3)","SAA1_ACC_VALUES(25,1)","SAA1_ACC_VALUES(25,2)","SAA1_ACC_VALUES(25,3)","SAA1_ACC_VALUES(26,1)","SAA1_ACC_VALUES(26,2)","SAA1_ACC_VALUES(26,3)","SAA1_ACC_VALUES(27,1)",

"SAA1_ACC_VALUES(27,2)","SAA1_ACC_VALUES(27,3)","SAA1_ACC_VALUES(28,1)","SAA1_ACC_VALUES(28,2)","SAA1_ACC_VALUES(28,3)","SAA1_ACC_VALUES(29,1)","SAA1_ACC_VALUES(29,2)","SAA1_ACC_VALUES(29,3)","SAA1_ACC_VALUES(30,1)","SAA1_ACC_VALUES(30,2)","SAA1_ACC_VALUES(30,3)","SAA1_ACC_VALUES(31,1)","SAA1_ACC_VALUES(31,2)","SAA1_ACC_VALUES(31,3)","SAA1_ACC_VALUES(32,1)","SAA1_ACC_VALUES(32,2)","SAA1_ACC_VALUES(32,3)","SAA1_ACC_VALUES(33,1)","SAA1_ACC_VALUES(33,2)","SAA1_ACC_VALUES(33,3)","SAA1_ACC_VALUES(34,1)","SAA1_ACC_VALUES(34,2)","SAA1_ACC_VALUES(34,3)","SAA1_ACC_VALUES(35,1)","SAA1_ACC_VALUES(35,2)","SAA1_ACC_VALUES(35,3)","SAA1_ACC_VALUES(36,1)","SAA1_ACC_VALUES(36,2)","SAA1_ACC_VALUES(36,3)","SAA1_ACC_VALUES(37,1)","SAA1_ACC_VALUES(37,2)","SAA1_ACC_VALUES(37,3)","SAA1_ACC_VALUES(38,1)","SAA1_ACC_VALUES(38,2)","SAA1_ACC_VALUES(38,3)","SAA1_ACC_VALUES(39,1)","SAA1_ACC_VALUES(39,2)","SAA1_ACC_VALUES(39,3)","SAA1_ACC_VALUES(40,1)","SAA1_ACC_VALUES(40,2)","SAA1_ACC_VALUES(40,3)","SAA1_ACC_VALUES(41,1)","SAA1_ACC_VALUES(41,2)","SAA1_ACC_VALUES(41,3)","SAA1_ACC_VALUES(42,1)","SAA1_ACC_VALUES(42,2)","SAA1_ACC_VALUES(42,3)","SAA1_ACC_VALUES(43,1)","SAA1_ACC_VALUES(43,2)","SAA1_ACC_VALUES(43,3)","SAA1_ACC_VALUES(44,1)","SAA1_ACC_VALUES(44,2)","SAA1_ACC_VALUES(44,3)","SAA1_ACC_VALUES(45,1)","SAA1_ACC_VALUES(45,2)","SAA1_ACC_VALUES(45,3)","SAA1_ACC_VALUES(46,1)","SAA1_ACC_VALUES(46,2)","SAA1_ACC_VALUES(46,3)","SAA1_ACC_VALUES(47,1)","SAA1_ACC_VALUES(47,2)","SAA1_ACC_VALUES(47,3)","SAA1_ACC_VALUES(48,1)","SAA1_ACC_VALUES(48,2)","SAA1_ACC_VALUES(48,3)","SAA1_ACC_VALUES(49,1)","SAA1_ACC_VALUES(49,2)","SAA1_ACC_VALUES(49,3)","SAA1_TEMP_VALUES(1)","SAA1_TEMP_VALUES(2)","SAA1_TEMP_VALUES(3)","SAA1_TEMP_VALUES(4)","SAA1_TEMP_VALUES(5)","SAA1_TEMP_VALUES(6)","SAA1_TEMP_VALUES(7)","SAA1_TEMP_VALUES(8)","SAA1_TEMP_VALUES(9)","SAA1_TEMP_VALUES(10)","SAA1_TEMP_VALUES(11)","SAA1_TEMP_VALUES(12)","SAA1_TEMP_VALUES(13)","SAA1_TEMP_VALUES(14)","SAA1_TEMP_VALUES(15)","SAA1_TEMP_VALUES(16)","SAA1_TEMP_VALUES(17)","SAA1_TEMP_VALUES(18)","SAA1_TEMP_VALUES(19)","SAA1_TEMP_VALUES(20)","SAA1_TEMP_VALUES(21)","SAA1_TEMP_VALUES(22)","SAA1_TEMP_VALUES(23)","SAA1_TEMP_VALUES(24)","SAA1_TEMP_VALUES(25)","SAA1_TEMP_VALUES(26)","SAA1_TEMP_VALUES(27)","SAA1_TEMP_VALUES(28)","SAA1_TEMP_VALUES(29)","SAA1_TEMP_VALUES(30)","SAA1_TEMP_VALUES(31)","SAA1_TEMP_VALUES(32)","SAA1_TEMP_VALUES(33)","SAA1_TEMP_VALUES(34)","SAA1_TEMP_VALUES(35)","SAA1_TEMP_VALUES(36)","SAA1_TEMP_VALUES(37)","SAA1_

TEMP_VALUES(38)","SAA1_TEMP_VALUES(39)","SAA1_TEMP_VALUES(40)","SAA1_TEMP_VALUES(41)","SAA1_TEMP_VALUES(42)","SAA1_TEMP_VALUES(43)","SAA1_TEMP_VALUES(44)","SAA1_TEMP_VALUES(45)","SAA1_TEMP_VALUES(46)","SAA1_TEMP_VALUES(47)","SAA1_TEMP_VALUES(48)","SAA1_TEMP_VALUES(49)"(第二行)

"TS","RN",""(第三行)

"","","Smp"
(第四行)

"2018-12-16 18:50:47",0,234381,33248.63,33194.71,16972.57,31983.61,32744.26,16833.98,32240.02,32433.54,17255.1,31974.43,32999.89,16585.15,31553.26,32580.12,16954.95,33006.96,33446.54,16865.34,32190.94,32261.07,16793.12,33154.39,32227.87,16773.75,32488.26,32137.37,16679.15,32984.66,33057.41,16938.08,31104.35,33083.78,16883.09,32492.74,33355.62,16597.85,33623.4,32505.79,16646.2,33586.8,32259.6,16959.25,31980.26,32014.76,16771.63,32801.55,31391.25,16507.75,31440.81,

32889.12,16600.13,33411.31,33222.84,16548.08,32502,31928.47,16822.28,33017.98,31989.97,16795.22,32681.08,31986.53,16317.65,32879.83,33292.68,16960.46,32917.32,33041.14,16964.33,31761.94,33112.26,16930.48,31964.24,33883.02,16624.59,32399.85,31955.89,17158.7,32318.52,33833.09,16534.81,32448.02,33677.2,16915.07,33628.63,32600.99,17277.32,33279.23,33530.92,16689.87,31730.56,32712.48,16815.18,33794.12,33063.09,16735.89,33205.74,32190.47,16350.95,31578.77,33464.2,16799.74,32797.04,32631.82,16687.97,32879.45,32975.42,16814.26,33400.01,32842.07,16807.68,31118.99,33004.13,16446.68,32435.58,33371.99,17041.34,32611.62,33645.57,16855.39,32476.29,33731.34,16642.61,33315.03,32048.15,16566.7,33277.16,32636.58,16802.75,32947.91,32952.68,16630.46,33618.97,33124.66,16551.94,31902.3,33153.81,16928.96,31947.86,32182,16513.58,33592.95,32763.31,16526.08,32575.26,32911.99,16513.64,2085,2109,2058,2088,2052,2069,2025,2078,2059,2030,1996,2062,2042,2061,2088,2084,2069,2078,2030,2073,2082,2020,2041,2010,2060,2025,2084,2028,2052,2013,2047,2054,2036,2024,2042,1967,1959,2017,1942,1973,2010,1998,1999,1985,2001,1941,1986,2009,1994(第五行)

"2018-12-16

19:00:00",1,234381,33773.74,33368.84,17068.27,32303.74,33039.54,16827.44,32348.93,32429.96,17255.82,31858.25,33011.78,16585.89,31566.05,32455.32,16957.98,33010.09,33451.78,16864.6,32200.38,32254.37,16792.69,33158.9,32236.27,16772.98,32491.64,32133.23,16678.43,32979.32,33057.43,16936.62,31099.56,33086.54,16882.1,32498.38,33356.22,16596.52,33632.02,32499.48,16645.2,33581.81,32252.77,16958.26,31982.6,32013.01,16769.96,32801.84,31388.64,16506.77,31441.92,32891.32,16598.15,33408.95,33224.92,16546.78,32504.66,31927.38,16821.12,33018.79,31991.12,16793.5,32681.92,31987.35,16316.41,32879.86,33292.5,16959.08,32918,33041.04,16963.46,31762.66,33111.7,16929.56,31964.03,33882.3,16623.24,32400.36,31952.93,17157.59,32314.45,33830.99,16533.49,32448.81,33676.34,16914.46,33629.12,32600.28,17276.76,33283.15,33532.06,16689.05,31733.65,32711.52,16814.13,33794.87,33062.64,16735.09,33206.07,32190.9,16350.42,31580.43,33465.26,16798.89,32796.8,32632.5,16687.54,32879.98,32976.61,16813.64,33399.7,32842.21,16807.54,31119.93,33004.88,16446.57,32436.16,33372.57,17041.55,32611.9,33645.47,16855.57,32476.67,33731.36,16642.49,33315.18,32047.72,16566.65,33277.3,32636.73,16802.76,32948.1,32952.91,16630.16,33619.8,33124.1,16552.08,31902.17,33154.37,16929,31947.06,32182.13,16513.41,33593.61,32763.39,16526.1,32575.4,32912.39,16513.85,2099,2113,2051,2090,2065,2052,2005,2066,2041,2007,1969,2038,2018,2046,2062,2065,2042,2066,2014,2052,2064,2001,2025,1993,2041,2008,2068,2015,2034,1998,2030,2037,2027,2009,2032,1957,1952,2011,1942,1972,2010,1998,1998,1985,2002,1941,1986,2008,1996(第六行)

(略)…

E.5 _LOGGER_DIAGNOSTICS.dat

"TOA5","CR300Series-zhengwan","CR300","3403","CR300.Std.07.02","CPU：166934.cr300","32671","LOGGER_DIAGNOSTICS"(第一行)

"TIMESTAMP","RECORD","LOGGER_VOLTAGE","LOGGER_TEMPERATURE","NOT_ENOUGH_POWER"(第二行)

"TS","RN","","",""(第三行)

"","","Smp","Smp","Smp"(第四行)

"2018-08-08 10：44：15",0,12.88698,25.73314,0(第五行)

"2018-08-08 10：44：31",1,12.87204,25.72308,0(第六行)

"2018-08-08 10：44：47",2,12.86697,25.7349,0(第七行)

(略)…

E.6 _SAA_DIAGNOSTICS.dat

"TOA5","CR300Series-zhengwan","CR300","3403","CR300.Std.07.02","CPU：166934.cr300","22935","SAA_DIAGNOSTICS"(第一行)

"TIMESTAMP","RECORD","SERIAL_NUMS","SAA1_SAATOP_VOLTAGE","SAA1_SAATOP_CURRENT","SAA1_SAATOP_TEMPERATURE"(第二行)

"TS","RN","","","",""(第三行)

"","","Smp","Smp","Smp","Smp"(第四行)

"2019-06-06 22：00：00",55831,98632,12.596,249.856,16.1875(第五行)

"2019-06-06 22：30：00",55832,98632,12.596,251.808,16.1875(第六行)

"2019-06-06 23：00：00",55833,98632,12.596,249.856,16.1875(第七行)

(略)…

E.7 _SERIAL_ERRORS.dat

"TOA5","CR300Series-zhengwan","CR300","3403","CR300.Std.07.02","CPU：166934.cr300","32671","SERIAL_ERRORS"(第一行)

"TIMESTAMP","RECORD","SERIAL_NUMS","NUM_CRC_ERRORS","NUM_COM_ERRORS"(第二行)

"TS","RN","","",""(第三行)

"","","Smp","Smp","Smp"(第四行)

"2018-08-08 10：44：15",0,166934,0,0(第五行)

"2018-08-09 09:43:50",0,166934,0,3(第六行)

(略)…

E.8　SAAV_(SN)_100_500.dat

"TOACI1","SAAV","ManualInput","12345","","Manual_Input_File","C:\Measurand Inc\Sample Data\Raw2Data\SAAV\cr300series_project_info.dat(_XYZ_metr_allXallYallZ_all_nostamp_norawname_nochunk_head_nosegref)(corr：)"(第一行)

"TIMESTAMP","RECORD","Sensor_X_001","Sensor_X_002","Sensor_X_003",
"Sensor_X_004","Sensor_X_005","Sensor_X_006","Sensor_X_007","Sensor_X_008",
"Sensor_X_009","Sensor_X_010","Sensor_X_011","Sensor_X_012","Sensor_X_013",
"Sensor_X_014","Sensor_X_015","Sensor_X_016","Sensor_X_017","Sensor_X_018",
"Sensor_X_019","Sensor_X_020","Sensor_X_021","Sensor_X_022","Sensor_X_023",
"Sensor_X_024","Sensor_X_025","Sensor_X_026","Sensor_X_027","Sensor_X_028",
"Sensor_X_029","Sensor_X_030","Sensor_X_031","Sensor_X_032","Sensor_X_033",
"Sensor_X_034","Sensor_X_035","Sensor_X_036","Sensor_X_037","Sensor_X_038",
"Sensor_X_039","Sensor_X_040","Sensor_X_041","Sensor_X_042","Sensor_X_043",
"Sensor_X_044","Sensor_X_045","Sensor_X_046","Sensor_X_047","Sensor_X_048",
"Sensor_X_049","Sensor_X_050","Sensor_X_051","Sensor_X_052","Sensor_X_053",
"Sensor_X_054","Sensor_X_055","Sensor_X_056","Sensor_X_057","Sensor_X_058",
"Sensor_X_059","Sensor_X_060","Sensor_X_061","Sensor_X_062","Sensor_X_063",
"Sensor_X_064","Sensor_X_065","Sensor_X_066","Sensor_X_067","Sensor_X_068",
"Sensor_X_069","Sensor_X_070","Sensor_X_071","Sensor_X_072","Sensor_X_073",
"Sensor_X_074","Sensor_X_075","Sensor_X_076","Sensor_X_077","Sensor_X_078",
"Sensor_X_079","Sensor_X_080","Sensor_X_081","Sensor_X_082","Sensor_X_083",
"Sensor_X_084","Sensor_X_085","Sensor_X_086","Sensor_X_087","Sensor_X_088",
"Sensor_X_089","Sensor_X_090","Sensor_X_091","Sensor_X_092","Sensor_X_093",
"Sensor_X_094","Sensor_X_095","Sensor_X_096","Sensor_X_097","Sensor_X_098",
"Sensor_X_099","Sensor_X_100","Sensor_X_101","Sensor_Y_001","Sensor_Y_002",
"Sensor_Y_003","Sensor_Y_004","Sensor_Y_005","Sensor_Y_006","Sensor_Y_007",
"Sensor_Y_008","Sensor_Y_009","Sensor_Y_010","Sensor_Y_011","Sensor_Y_012",
"Sensor_Y_013","Sensor_Y_014","Sensor_Y_015","Sensor_Y_016","Sensor_Y_017",
"Sensor_Y_018","Sensor_Y_019","Sensor_Y_020","Sensor_Y_021","Sensor_Y_022",
"Sensor_Y_023","Sensor_Y_024","Sensor_Y_025","Sensor_Y_026","Sensor_Y_027",
"Sensor_Y_028","Sensor_Y_029","Sensor_Y_030","Sensor_Y_031","Sensor_Y_032",
"Sensor_Y_033","Sensor_Y_034","Sensor_Y_035","Sensor_Y_036","Sensor_Y_037",
"Sensor_Y_038","Sensor_Y_039","Sensor_Y_040","Sensor_Y_041","Sensor_Y_042",
"Sensor_Y_043","Sensor_Y_044","Sensor_Y_045","Sensor_Y_046","Sensor_Y_047",
"Sensor_Y_048","Sensor_Y_049","Sensor_Y_050","Sensor_Y_051","Sensor_Y_052",

"Sensor_Y_053", "Sensor_Y_054", "Sensor_Y_055", "Sensor_Y_056", "Sensor_Y_057",
"Sensor_Y_058", "Sensor_Y_059", "Sensor_Y_060", "Sensor_Y_061", "Sensor_Y_062",
"Sensor_Y_063", "Sensor_Y_064", "Sensor_Y_065", "Sensor_Y_066", "Sensor_Y_067",
"Sensor_Y_068", "Sensor_Y_069", "Sensor_Y_070", "Sensor_Y_071", "Sensor_Y_072",
"Sensor_Y_073", "Sensor_Y_074", "Sensor_Y_075", "Sensor_Y_076", "Sensor_Y_077",
"Sensor_Y_078", "Sensor_Y_079", "Sensor_Y_080", "Sensor_Y_081", "Sensor_Y_082",
"Sensor_Y_083", "Sensor_Y_084", "Sensor_Y_085", "Sensor_Y_086", "Sensor_Y_087",
"Sensor_Y_088", "Sensor_Y_089", "Sensor_Y_090", "Sensor_Y_091", "Sensor_Y_092",
"Sensor_Y_093", "Sensor_Y_094", "Sensor_Y_095", "Sensor_Y_096", "Sensor_Y_097",
"Sensor_Y_098", "Sensor_Y_099", "Sensor_Y_100", "Sensor_Y_101", "Sensor_Z_001",
"Sensor_Z_002", "Sensor_Z_003", "Sensor_Z_004", "Sensor_Z_005", "Sensor_Z_006",
"Sensor_Z_007", "Sensor_Z_008", "Sensor_Z_009", "Sensor_Z_010", "Sensor_Z_011",
"Sensor_Z_012", "Sensor_Z_013", "Sensor_Z_014", "Sensor_Z_015", "Sensor_Z_016",
"Sensor_Z_017", "Sensor_Z_018", "Sensor_Z_019", "Sensor_Z_020", "Sensor_Z_021",
"Sensor_Z_022", "Sensor_Z_023", "Sensor_Z_024", "Sensor_Z_025", "Sensor_Z_026",
"Sensor_Z_027", "Sensor_Z_028", "Sensor_Z_029", "Sensor_Z_030", "Sensor_Z_031",
"Sensor_Z_032", "Sensor_Z_033", "Sensor_Z_034", "Sensor_Z_035", "Sensor_Z_036",
"Sensor_Z_037", "Sensor_Z_038", "Sensor_Z_039", "Sensor_Z_040", "Sensor_Z_041",
"Sensor_Z_042", "Sensor_Z_043", "Sensor_Z_044", "Sensor_Z_045", "Sensor_Z_046",
"Sensor_Z_047", "Sensor_Z_048", "Sensor_Z_049", "Sensor_Z_050", "Sensor_Z_051",
"Sensor_Z_052", "Sensor_Z_053", "Sensor_Z_054", "Sensor_Z_055", "Sensor_Z_056",
"Sensor_Z_057", "Sensor_Z_058", "Sensor_Z_059", "Sensor_Z_060", "Sensor_Z_061",
"Sensor_Z_062", "Sensor_Z_063", "Sensor_Z_064", "Sensor_Z_065", "Sensor_Z_066",
"Sensor_Z_067", "Sensor_Z_068", "Sensor_Z_069", "Sensor_Z_070", "Sensor_Z_071",
"Sensor_Z_072", "Sensor_Z_073", "Sensor_Z_074", "Sensor_Z_075", "Sensor_Z_076",
"Sensor_Z_077", "Sensor_Z_078", "Sensor_Z_079", "Sensor_Z_080", "Sensor_Z_081",
"Sensor_Z_082", "Sensor_Z_083", "Sensor_Z_084", "Sensor_Z_085", "Sensor_Z_086",
"Sensor_Z_087", "Sensor_Z_088", "Sensor_Z_089", "Sensor_Z_090", "Sensor_Z_091",
"Sensor_Z_092", "Sensor_Z_093", "Sensor_Z_094", "Sensor_Z_095", "Sensor_Z_096",
"Sensor_Z_097", "Sensor_Z_098", "Sensor_Z_099", "Sensor_Z_100", "Sensor_Z_101"

(第二行)

"2050-06-01 00:00:00", 0, 0.00000, 54.34240, 37.63518, 103.01371, 84.98393, 148.33992, 144.11035, 167.58616, 211.55583, 204.17003, 265.68604, 265.39345, 281.89389, 330.76287, 312.70148, 372.27099, 380.38293, 391.63584, 432.06269, 432.97719, 478.85628, 476.61253, 526.65407, 520.85512, 576.48385, 558.12339, 608.41221, 629.12286, 647.11503, 667.80461, 691.55336, 725.75847, 731.96582, 784.57167, 766.78445, 829.48349, 820.25352, 871.74382, 862.38791, 924.68645, 919.77644, 961.61853, 968.37543, 1015.97502, 1001.02322, 1062.14817, 1068.54086, 1080.40051, 1128.69204, 1125.45174, 1177.51131, 1164.15621,

1229.57077,1218.61152,1246.41371,1300.32984,1300.85517,1310.77089,1368.05157,
1349.16361,1415.86955,1396.89613,1458.01124,1460.60637,1478.48018,1519.24795,
1554.92632,1538.15319,1603.80202,1614.45784,1611.81334,1670.44630,1701.36875,
1693.92273,1709.07260,1766.55017,1748.96031,1803.92970,1790.64508,1851.49873,
1830.95085,1895.85425,1874.32680,1935.68173,1933.65383,1948.42321,2001.69229,
1984.53329,2048.00436,2039.87134,2086.83096,2097.53066,2104.44993,2160.05822,
2142.81510,2196.55940,2221.62062,2216.34518,2279.88401,2272.56239,2285.89475,
0.00000, 37.89693, 29.94618, 45.38300, 61.68209, 57.50084, 94.07389, 62.19763,
108.52622,87.61827,109.55085,138.50683,104.06726,141.85636,136.87213,136.98177,
179.90580,146.71702,194.56965,165.84580,211.52338,184.97002,227.64248,204.18976,
238.19207,242.93507,228.14601,279.55370,245.99770,298.56526,266.71965,318.60689,
287.24335,323.17604,329.01084,323.15042,357.91230,333.47316,365.76430,380.06177,
359.54147,407.66755,376.86396,420.57744,426.00991,415.46829,459.41388,428.94736,
473.63148,448.20098,488.72499,475.37887,490.53670,516.51891,489.10196,518.95212,
548.74727,519.62216,553.14304,549.87792,563.26452,581.10018,569.32363,610.81623,
577.90570,626.14172,603.77965,622.32093,638.07253,617.30754,649.95359,672.85589,
660.91843,655.21643,699.88224,697.93863,694.32525,731.68360,716.80547,747.64383,
749.64059,762.74418,777.60570,797.63769,776.74782,827.77025,810.25416,836.98724,
852.72956,836.82792,884.44032,853.02738,899.69684,883.81209,910.98667,891.08499,
939.55604, 921.53725, 926.37723, 964.48232, 939.99899, 0.00000, 0.49559, 0.99525,
1.49072,1.99012,2.48608,2.98472,3.48315,3.97905,4.47856,4.97428,5.47344,5.97198,
6.46815, 6.96780, 7.46423, 7.96232, 8.46109, 8.95715, 9.45633, 9.95212, 10.45141,
10.94706, 11.44648, 11.94221, 12.44185, 12.93910, 13.43601, 13.93456, 14.43136,
14.92978, 15.42590, 15.92488, 16.42080, 16.92045, 17.41647, 17.91518, 18.41192,
18.91079, 19.40668, 19.90624, 20.40216, 20.90116, 21.39697, 21.89671, 22.39285,
22.89087, 23.38980, 23.88546, 24.38480, 24.88043, 25.38007, 25.87554, 26.37475,
26.87322, 27.36941, 27.86852, 28.36757, 28.86315, 29.36278, 29.85813, 30.35745,
30.85356, 31.35183, 31.85042, 32.34642, 32.84464, 33.34402, 33.83944, 34.33889,
34.83782, 35.33384, 35.83274, 36.33265, 36.83042, 37.32711, 37.82678, 38.32235,
38.82195, 39.31727, 39.81685, 40.31244, 40.81176, 41.30757, 41.80713, 42.30430,
42.80115, 43.30014, 43.79584, 44.29553, 44.79103, 45.28993, 45.78770, 46.28434,
46.78331,47.28001,47.77703,48.27667,48.77260,49.27109,49.77031(第三行)
"2050-06-02
00:00:00",1, 0.00000, 54.34467, 37.62708, 103.01411, 84.98621, 148.33775,
144.10647,167.58064,211.55445,204.15788,265.66680,265.37393,281.87787,330.73381,
312.67367,372.24940,380.35865,391.61411,432.04145,432.95972,478.85082,476.59744,
526.62774,520.83201,576.45150,558.09108,608.38997,629.10989,647.10092,667.79435,
691.53639,725.74663,731.96511,784.56706,766.77548,829.47958,820.25616,871.76337,
862.39746, 924.69821, 919.78882, 961.62208, 968.36361, 1015.95572, 1001.00238,

1062.12056, 1068.50668, 1080.36344, 1128.64774, 1125.40500, 1177.47540, 1164.11454,
1229.53615, 1218.57206, 1246.35155, 1300.27652, 1300.80056, 1310.71422, 1367.99382,
1349.10164, 1415.81354, 1396.84377, 1457.95517, 1460.56099, 1478.44642, 1519.21730,
1554.89192, 1538.11748, 1603.75804, 1614.40527, 1611.77490, 1670.41374, 1701.33612,
1693.89820, 1709.04917, 1766.52388, 1748.94018, 1803.91059, 1790.61037, 1851.47165,
1830.92086, 1895.82190, 1874.29067, 1935.62571, 1933.58472, 1948.36541, 2001.63977,
1984.47898, 2047.94515, 2039.80957, 2086.76257, 2097.47470, 2104.38528, 2160.00530,
2142.76850, 2196.52404, 2221.57867, 2216.29893, 2279.83692, 2272.52300, 2285.88471,
0.00000, 37.88884, 29.93133, 45.37747, 61.68400, 57.51413, 94.07179, 62.20809,
108.53525, 87.63164, 109.56094, 138.52568, 104.09048, 141.88142, 136.90321, 137.01117,
179.94037, 146.73992, 194.59409, 165.87589, 211.55258, 185.00150, 227.67799, 204.22726,
238.23283, 242.97403, 228.18034, 279.58903, 246.02627, 298.59631, 266.75925, 318.64458,
287.27357, 323.20475, 329.03365, 323.17977, 357.93509, 333.49241, 365.76800, 380.07070,
359.55153, 407.69218, 376.89724, 420.61951, 426.05135, 415.51033, 459.46603, 428.99429,
473.67462, 448.23653, 488.76814, 475.42372, 490.58309, 516.56631, 489.14936, 519.00154,
548.79882, 519.67357, 553.19594, 549.93334, 563.31880, 581.15020, 569.36439, 610.85528,
577.93881, 626.18838, 603.83460, 622.37594, 638.11935, 617.35174, 649.99965, 672.90095,
660.95615, 655.25076, 699.91195, 697.96375, 694.35313, 731.70865, 716.83244, 747.67222,
749.67750, 762.78265, 777.64820, 797.71213, 776.81163, 827.83770, 810.31822, 837.06442,
852.82074, 836.91528, 884.54898, 853.11137, 899.77573, 883.89446, 911.07578, 891.18738,
939.67331, 921.65083, 926.48310, 964.61768, 940.10058, 0.00000, 0.49559, 0.99525,
1.49071, 1.99012, 2.48608, 2.98472, 3.48315, 3.97905, 4.47856, 4.97428, 5.47344, 5.97198,
6.46815, 6.96780, 7.46424, 7.96232, 8.46109, 8.95715, 9.45633, 9.95212, 10.45141,
10.94706, 11.44648, 11.94221, 12.44185, 12.93910, 13.43601, 13.93456, 14.43136,
14.92978, 15.42590, 15.92488, 16.42080, 16.92045, 17.41647, 17.91518, 18.41192,
18.91079, 19.40668, 19.90624, 20.40215, 20.90116, 21.39696, 21.89671, 22.39285,
22.89087, 23.38980, 23.88546, 24.38480, 24.88042, 25.38007, 25.87554, 26.37474,
26.87322, 27.36940, 27.86851, 28.36757, 28.86314, 29.36277, 29.85812, 30.35744,
30.85356, 31.35182, 31.85042, 32.34641, 32.84464, 33.34401, 33.83943, 34.33889,
34.83781, 35.33384, 35.83274, 36.33265, 36.83042, 37.32710, 37.82678, 38.32234,
38.82194, 39.31727, 39.81684, 40.31244, 40.81175, 41.30757, 41.80713, 42.30430,
42.80114, 43.30013, 43.79584, 44.29552, 44.79102, 45.28992, 45.78769, 46.28433,
46.78330, 47.28000, 47.77701, 48.27666, 48.77258, 49.27107, 49.77029(第四行)

（略）…